这是为大一新生而写的数学书

邓重阳　编著

ZHEJIANG UNIVERSITY PRESS
浙江大学出版社
·杭州·

图书在版编目（CIP）数据

这是为大一新生而写的数学书 / 邓重阳编著.
杭州：浙江大学出版社，2024.6（2024.7 重印）.
ISBN 978-7-308-25068-9

Ⅰ.O1-49

中国国家版本馆 CIP 数据核字第 2024FF3204 号

这是为大一新生而写的数学书

邓重阳　编著

策划编辑	陈海权（QQ：1010892859）
责任编辑	陈宗霖
责任校对	王同裕
封面设计	林智广告
出版发行	浙江大学出版社
	（杭州市天目山路 148 号　邮政编码 310007）
	（网址：http://www.zjupress.com）
排　　版	杭州晨特广告设计有限公司
印　　刷	杭州高腾印务有限公司
开　　本	710mm×1000mm　1/16
印　　张	7.5
字　　数	139 千
版 印 次	2024 年 6 月第 1 版　2024 年 7 月第 3 次印刷
书　　号	ISBN 978-7-308-25068-9
定　　价	32.00 元

序

毋庸讳言,高等数学是对大学生幸福指数影响最大的课程,没有之一.

高等数学简称"高数",网上流行着很多略带辛酸地调侃高数的段子,如

从前有棵"树",叫作高数,上面"挂"着很多人……

高数十分简单,只是剩下那 90 分很难.

高数课上,弯腰捡支笔,后面就听不懂了! 当然,也有人不以为然,继续调侃说:好像你不弯腰捡笔就能听懂似的.

本书为解决这个问题而努力,内容涉及大一上学期要学的一元微积分(属于高等数学课程的一部分).

为什么会写这么一本书呢?

这还得从我读《红楼梦》的经历谈起.

作为一个纯粹的理工科男生,我对《红楼梦》的兴趣不大. 小时候看过一些《红楼梦》的连环画,中学时学过摘自《红楼梦》的课文.为了挑战高中语文老师说的"作为中国人,小学要看《西游记》,初中要看《水浒传》《三国演义》,高中要看《红楼梦》",工作后硬着头皮读完了《红楼梦》原著,一头雾水,主要原因是搞不懂众多人物之间纷繁复杂的关系.

后来给读小学的孩子买了一本《红楼梦》的简写本,有拼音、带插图的那种. 闲来无事时我轻松地读完了这个简写本,然后就顿悟了:关于《红楼梦》的零碎知识融会贯通了,主干人物之间的关系也清晰了! 再去看红楼梦的原著,竟如水银泻地般一气呵成!

类比到高等数学的学习,很多学生学不好它的症结在于其知识点太难、太密集. 也许,学懂高等数学,就缺一个类似的简写本!

为了符合"简写本"的要求,本书采用的手段包括(但不限于):

1. 尽量由中学数学知识引出大学数学的内容；

2. 不面面俱到；

3. 通俗易懂，"保姆级"的讲解；

4. 借用国学精粹引入数学概念；

5. 适当讲述数学典故，激发学习兴趣；

6. 穿插一些数学幽默小故事，缓解学习的紧张感；

7. 让数学与生活挂钩；

8. 玩梗，也卖萌！

书中部分内容有一定难度，如果一下子不能领会，跳过去就行了.

我使出了浑身解数，也希望你全力以赴，能从书中获益，不妥之处还请不吝赐教！

邓重阳

目　　录

1

为什么要学微积分？

对直线及由其组成的多边形，人类很早就研究得比较透彻，这些研究成果大多成为中小学阶段的数学知识．如多边形的周长、面积，勾股定理，等等．

但是，曲线的研究就困难多了！

最简单的曲线是圆．如何测量圆的周长、面积，困扰了人类很长时间．祖冲之把圆周率算到小数点后 7 位，就领先世界近 1000 年．

如果有一种方法，可以轻松计算曲线的长度及由其围成的图形的面积，是不是可以一战封神？

没错，微积分就是这样一门学问！

而且，微积分的功能不限于此．自其诞生以来经历近 400 年的发展之后，微积分已长成参天大树，渗入世界的各个角落．

让我们一起揭开微积分的神秘面纱吧！

2

从万物皆数到万事皆函数

微积分以函数为研究对象. 我们先回顾函数的定义.

2.1 函数的定义

> **定义 2.1**   设 D,B 是两个非空实数集, 对 D 中任何一个实数 x, 如果对应法则 f 能在 B 中唯一确定一个实数 y 与 x 对应, 则称对应法则 f 是 D 上的**函数**, 记为
> $$f:x \to y, x \in D \text{ 或 } f:D \to B.$$
> y 称为 x 对应的函数值, 记为
> $$y = f(x), x \in D.$$
> 其中 x 称为**自变量**, y 称为**因变量**.

这个定义有点"冷", 而且是刻骨铭心的那种!

学数学的难点: 定义、定理都**非常抽象**.

应对方法: 用生活中**直观**、**具体**的例子理解数学定义!

为了能用直观、具体的例子理解函数的定义, 我们把函数的自变量、因变量分别理解为输入、输出, 对应法则理解为一个特定的机器, 从而函数可理解为:

给定输入, 通过特定的机器把它变成输出.

至于特定的机器如何把输入转变成输出, 可以先不管.

实际上, 如果把输入、输出的范围扩大一点 (即: 不限于数), 就可以把生活中的一些事情拆解成函数的形式了.

如读大学的过程 (新生入学, 在学校受培养后毕业), 则

输入: 新生; **对应法则**: 学校的培养过程; **输出**: 毕业生.

又如工业品的生产过程为

输入：生产原料；**对应法则**：生产过程；**输出**：工业品.

总之，数学中的函数有三个要素：**定义域**、**值域**、**对应法则**. 生活中很多事情也有三个要素：**输入**、**输出**、**对应法则**. 从这个意义上讲，生活中的很多事情可看作广义上的函数.

2.2　为什么要研究函数

为了讲清楚这个问题，我们先从数学的定义说起. 恩格斯给数学下的定义是：数学是研究客观世界中**数量关系**与空间形式的科学.

数量关系，指的是哪些数量的什么关系呢？

我们以**已知量**与**未知量**之间的对应关系为例，阐述数学为什么要研究客观世界中的数量关系.

已知量是通过各种方式可直接获得的量，比如通过仪器测量或者通过调研得到的量.

未知量是想知道但无法直接获得的量.

正因为我们想知道的量往往难以直接获得，所以才有必要研究它们与已知量之间的对应关系，从而能够根据已知量推得未知量.

举个例子，想知道一块地的面积，但面积无法直接测量. 由于长度可以直接测量，所以如果能建立长度与面积之间的数量关系，就可以把测量面积的问题转化成测量长度的问题. 这也是我们从小学起就一直学习各种求面积方法的原因. 求曲边梯形的面积是推动微积分诞生的一大动力.

已知量、未知量以及它们之间的关系（对应法则），集齐这三种要素，就可以"召唤"函数了！

2.3　万事皆函数

古希腊哲学家毕达哥拉斯有一个著名的哲学观点：**万物皆数**. 即：

数是万物的本原，世界上的一切都可以被转化为数字.

笛卡儿提出过一个更为具体的大胆观点：

一切问题都可以转化成**数学问题**,

一切数学问题都可以转化为**代数问题**,

而一切代数问题又都可以转化为**方程问题**,

因此,一旦解决了**方程问题**,一切问题将迎刃而解.

这两个哲学观点虽有一定的局限性,但都产生了很大的影响,推动了数学的发展. 毕达哥拉斯创立了著名的毕达哥拉斯学派,催生了无理数;笛卡儿则创立了解析几何.

有趣的是,随着计算机技术的兴起,这两个观点又有了新的例证:

计算机只能处理数,所以"万物"只有转换成数后才能输入计算机;"一切问题"只有转化成关于数的问题,也就是数学问题,然后才能交给计算机处理. 所以,至少在计算机能处理的层面上,"万物皆数"和"一切问题都可以转化成数学问题"的观点是正确的.

计算机如何处理输入的数,然后输出结果?

在计算机编程语言中,这个功能是由很多个学名为"函数"的程序段一起完成的.

你没看错,就是"函数"!

数学中的函数大家不陌生,学过编程的同学应该也了解编程语言中的函数定义:函数是指将一组能完成一个功能或多个功能的语句放在一起的代码结构.

实际上,编程语言中的函数就是这样的一段代码结构:如果按它的要求输入一些数,那么它会相应地输出一些数.

理论上讲,所有计算机能处理的事情,都是通过一个个函数实现的. 目前不能用计算机处理的事情,都是因为还没有找到合适的方法用函数描述它.

随着计算机技术的发展,计算机能处理的事情越来越多. 计算机每增加一个新的功能,就相当于多一件事情能用函数描述. 从这个意义上讲,世间万事终究都能用函数解决.

在这些观点和事实的基础上,笔者不揣浅陋,提出:**万事皆函数**.

如果能用"万事皆函数"的观点看待世间万事,那么不仅能从数学的角度解读许多事情,很多时候还能启发我们找到创新做事的方法.

数列极限 —— 一直被追赶，从未被超越

极限是高等数学中最重要的概念，没有之一．若能真正理解极限，高等数学的很多概念掌握起来就水到渠成了．

遗憾的是，要真正理解极限的概念，很难．

平时我们经常谈及无穷大、无穷小，这是极限概念在生活中的体现．然而，生活中讲的无穷仅停留在直观层面．如无穷大就是没有边界，无穷小就是几乎看不见，等等．

极限一词，在日常生活中也时常出现．如在完成一项无比艰巨的任务之后，很多人会用"我已经快到极限啦"来表达"我快要撑不住了"的感觉．"快到极限"的那种"快要撑不住"的状态，意味着"极限"是个**动态**的过程，是一种**无限趋近但又无法到达**的感觉．

数学的功能之一就是把生活中的概念**精确化**，避免出现歧义，从而能准确无误地交流．有人说，数学使人缜密．也有人说，数学是一种逻辑缜密的符号体系，是**科学的语言**．因此，一旦站在数学的角度考虑极限，就要以严谨的态度去探寻极限的本质．

以数学的方式处理极限可以帮助我们理解、解释很多难题．如果在这个过程中能进一步体会到数学的美妙和数学家们令人敬佩的智慧，那就更好了．

先看一个简单的数列：

$$a_n = \frac{1}{n},$$

即

$$1, \frac{1}{2}, \frac{1}{3}, \frac{1}{4}, \cdots, \frac{1}{n}, \cdots.$$

这个数列的极限是 0，即

$$当 \ n \to \infty \ 时，\frac{1}{n} \to 0.$$

符号"→"读作"趋向于"．

这个数列中没有任何一项真正等于 0,那为什么它的极限就是 0 呢?这个事实看上去很简单,它的图象也能直观地说明 a_n 的变化趋势(图 3-1),但要真正说清楚却不容易.

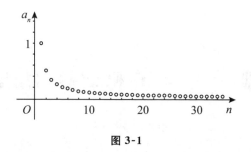

图 3-1

一个比较普遍的说法是,当 n 充分大的时候,$\dfrac{1}{n}$ 会充分小.

因为这个数列比较简单,凭"直觉"也能知道极限是什么,所以这样理解没什么问题. 但是,如果没有精确的、可操作的定义,一些比较复杂的数列,如

$$a_n = \sqrt[n]{n}, b_n = \left(1 + \frac{1}{n}\right)^n,$$

它们的极限凭"直觉"就不太说得清楚了.

3.1 数列极限的定义

在高等数学教材中,数列极限的定义是:

> **定义 3.1** 给定数列 $\{x_n\}$,如果存在常数 a,对于任意给定的正数 ε(不论它多么小),总存在正整数 N,使得当 $n > N$ 时,不等式
> $$|x_n - a| < \varepsilon$$
> 都成立,那么就称常数 a 是数列 $\{x_n\}$ 的**极限**,或者称数列 $\{x_n\}$ 收敛于 a,记为
> $$\lim_{n \to \infty} x_n = a,$$
> 或
> $$x_n \to a (n \to \infty).$$

这个定义很"数学"!与我们之前对极限的理解风马牛不相及."无限""过程""变化""趋势"之类的词语一个都没出现,而是用了让很多学生望而生畏的"ε - N 语言".

如果各位读者现阶段一脸茫然,看不懂数列极限的定义,那是相当正常的!

数学家故事:保罗·哈尔莫斯(Paul R. Halmos)与极限

哈尔莫斯是美籍匈牙利人.他读大学时学微积分学得很辛苦.在一次访谈中,他说,极限是怎么回事我一直不懂,我甚至怀疑老师们是否教过极限.

然而,1936年4月的某一天,他突然理解了极限的含义,整个过程令他记忆犹新:

天色破晓时,安布罗斯(W. Ambrose)和我在教学楼二层的一间讨论室谈话,他的一些话可谓让我拨云见日.突然之间,我对极限恍然大悟,觉得它十分清楚、优美,非常令人兴奋.我欢欣鼓舞,马上把格兰维·史密斯·郎列(Granville Smith Longley)的《微积分》翻了一遍,觉得一切都豁然开朗了,没有任何东西能够阻止我去学习了.那一刻,我就成了数学家!

后来,哈尔莫斯受到匈牙利同胞、大数学家约翰·冯·诺依曼(John von Neumann)的赏识,入职普林斯顿高等研究院,正式踏上职业数学家的征途.

我们不允许像哈尔莫斯这样的事情发生,希望各位读者现在就能弄懂极限的定义!

3.2 用 ε - 隔离带直观理解数列极限的概念

为了直观地理解数列极限的定义,我们引入 ε - 隔离带的概念.

定义 3.2 对于数 A 和给定的 $\varepsilon > 0$,平面直角坐标系中满足 $A - \varepsilon < y < A + \varepsilon$ 的点组成的带状区域称为 ε - 隔离带.

我们用平面直角坐标系中的点集 $\{(n, x_n) \mid n \in \mathbf{N}^*\}$ 表示数列 $\{x_n\}$ 的图象.

有了这些准备,数列极限的定义可直观理解为:

任意给定 $\varepsilon > 0$,存在正整数 N,使得当 $n > N$ 时,所有的 (n, x_n) 都落在 ε - 隔离带内.

数列极限的定义可看成两个人之间的竞赛:

小美为了验证数列 $\{x_n\}$ 的极限是 a,她任意取定一个正数 ε 作为界限,然后要求小帅验证 $|x_n - a|$ 小于 ε;

小帅表示,所有 $\{x_n\}$ 满足这个要求不一定行,但可以找到一个确定的整数 N,

使项 x_N 之后的所有项都满足 $|x_n - a|$ 小于 ε.

小美对存在这样的 N 很满意,但是,现在有个更小的界限 ε……

小帅表示,可以找出新的 N 满足要求.

如果不管小美提出的界限多么小,小帅都能达到小美的要求,那么我们就认为 x_n 的极限是 a.

这个竞赛用 ε - 隔离带理解更为直观.

图 3-2(a)画出了数列 $x_n = 10 + \dfrac{2}{n}\sin n$ 的图象,并且画出了 $\varepsilon_1 = 1, \varepsilon_2 = 0.5$ 的隔离带. 图 3-2(b)画出了局部放大后的 0.001- 隔离带.

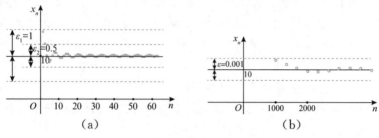

图 3-2

综上可知,数列极限的定义在几何直观上相当于操作 ε - 隔离带!

注意 极限值与数列取值是不一样的概念. 我们说 x_n 趋向于 0,并不是说它会变成 0. 确切地讲,数列的取值中是否有极限值不影响数列的极限值!

3.3 如何理解数列极限的定义

数列极限的定义为什么难理解?只有找到这个原因,才能对症下药,治好"难理解"的顽疾.

思考 数列极限中定义的难点在哪里?

数列极限中定义的难点可以总结成一句话:一直被追赶,从未被超越.

(1)"从未被超越"的 ∞

高中数学中出现过 ∞,但没有数能达到或超越 ∞,数列极限的定义中 $n \to \infty$ 要处理的就是从未被超越的 ∞.

(2)"一直被追赶"的动态过程

正因为 ∞ 无法被超越,所以 n 只是一直在追赶 ∞,即 $n \to \infty$,但无法达到 ∞,所以

$n \to \infty$ 是个动态过程,难以直接描述.

思考 该用什么方法解决这两个难点?

(1)动态过程的处理.

当从正面不容易或无法证明命题时,我们经常使用反证法,即所谓的"**正难则反**".

同样,动态过程无法直接描述,那就用静态的公式去描述动态过程!

如果说反证法的原则是"正难则反",那么描述动态过程的原则就应该是"**动难则静**",或者叫"**以静制动**"!

怎样才能做到"以静制动"呢?

如果掌握了动态过程的规律,那么动态过程是可以把握的. 如果知道了太阳的运动规律,那么虽然太阳的位置每时每刻都在变化,但我们还是可以精确地计算太阳什么时候升起、什么时候落下,甚至能根据太阳、地球、月亮之间的相对位置精确地算出何时有日食、月食.

所以,只要能找出动态过程中的规律,或者说**动态过程中不变的东西**,那么这个动态过程就能描述了.

(2)如何把握"无穷大".

由于难以将 a_n 一个一个算出来,所以我们的策略是**用有限去把握无限**,即:用有限描述无限,以有限化解无限.

小结 我们用已有知识去描述不熟悉、不好理解的新知识,等新知识得到充分熟悉、充分理解时,就会变成旧知识,在此基础上再去描述更新的知识. 如此循环,我们的知识水平就慢慢地提高了.

思考 数列极限的定义中是如何用"以静制动"和"用有限描述无限"的策略化解两个难点的?

现在我们来看,数列极限的定义是如何破解动态过程和无限这两个难点的.

$\forall \varepsilon > 0$,化动为静,即:用可以操作的静去把握动. ε 是任意取的正数,这句话中的"任意"体现动;而"ε"一旦取定,就变成可以描述的静态量.

$\exists N > 0$,给定 ε 后,去找符合要求的 N. 注意:这里只要找到符合要求的 N 即可,不必找到最精确的 N.

$\forall n > N$,用有限刻画无限,即:用可以操作的有限去把握无限. N 虽有限,但无穷大蕴含在"$\forall n > N$"之中.

$|x_n - a| < \varepsilon$,$\forall n > N$ 都满足 $|x_n - a| < \varepsilon$,所以 $n \to \infty$ 的过程中每个数都满足 $|x_n - a| < \varepsilon$.

现在我们可以解释数列极限为什么要这么定义了.

它的核心在于 ε, N.

ε：化动为静；

N：用有限把握无限.

因为 ε, N 在数列极限的定义中的核心地位，所以这种定义方式叫做 **ε - N 语言**.

数列极限的定义还有一个难点：逻辑结构复杂. 一共有 4 个条件，即

$$\lim_{n \to \infty} x_n = a$$

$$\Leftrightarrow \forall \varepsilon > 0, \exists N > 0, \forall n > N, |x_n - a| < \varepsilon.$$

虽然极限的定义在考题中直接出现的情况不多，但它对大学生"心灵的伤害"是巨大的. 如果有"恐数症"的话，那它肯定是病根之一.

高等数学中最抽象的概念就是极限，后面很多概念也是用极限的方式定义的，所以必须攻克它！

刚刚接触数列极限时容易陷入一个误区：当 $n \to \infty$ 时，可以简单地在 x_n 的表达式中代入 $n = \infty$ 得到极限. 如

因为" $\dfrac{1}{\infty} = 0$ "，所以 $\dfrac{1}{n} \to 0$.

这样的理解是错误的. 原因有二：

（1）∞ 不是一个数，所以表达式" $\dfrac{1}{\infty}$ "是不合法的.

（2）把数列极限想象成当 $n = \infty$ 时，x_n 的"最终"或"最后"的项的想法，违背了"从未被超越"的原则.

方法总结　遇到难以解决的问题时，可遵循如下三个步骤.

（1）提出问题：难点是什么？

（2）分析问题：该用什么方法突破难点？

（3）解决问题：运用想到的方法尝试解决问题.

希望大家多用这三个步骤去体会大学数学的难点内容. 在答疑时，笔者也经常引导学生实践这三个步骤. 有意思的是，有些同学遇到难点的时候尝试用这三个步骤，难点悄无声息地就被解决了.

最后，用网上的一个段子让大家直观体会一下极限的定义：

$$\lim_{\text{馅} \to 0} 包子 = 馒头,$$

$$\lim_{\text{馅} \to \infty} 包子 = 丸子.$$

3.4　用数列极限的定义证明数列极限

例 3.1　用数列极限的定义证明：

$$\lim_{n \to \infty} \frac{1}{n} = 0.$$

证明　因为 $\left| \dfrac{1}{n} - 0 \right| = \dfrac{1}{n}$，所以 $\forall \varepsilon > 0$，要使 $\dfrac{1}{n} < \varepsilon$，只要 $n > \dfrac{1}{\varepsilon}$ 即可.

$\forall \varepsilon > 0$，取 $N = \left[\dfrac{1}{\varepsilon} \right]$，则当 $n > N$ 时，有

$$\left| \frac{1}{n} - 0 \right| < \varepsilon,$$

所以

$$\lim_{n \to \infty} \frac{1}{n} = 0.$$

注意　设 x 为实数，不超过 x 的最大整数称为 x 的整数部分，记作 $[x]$. 如 $[1] = 1, [\pi] = 3, [-2.5] = -3$.

例 3.2　证明：$\lim\limits_{n \to \infty} q^n = 0$，其中 $|q| < 1$，且 q 为常数.

证明　（1）当 $q = 0$ 时，显然有 $\lim\limits_{n \to \infty} 0 = 0$.

（2）当 $0 < |q| < 1$ 时，$\forall \varepsilon > 0$（不妨设 $\varepsilon < 1$），因为

$$|q^n - 0| = |q|^n,$$

所以要使 $|q^n - 0| < \varepsilon$，只要

$$|q|^n < \varepsilon$$

即可.

上式两边取自然对数，得 $n\ln|q| < \ln \varepsilon$.

因为 $|q| < 1, \ln|q| < 0$，故

$$n > \frac{\ln \varepsilon}{\ln |q|}.$$

取 $N = \left[\dfrac{\ln \varepsilon}{\ln |q|} \right]$，则当 $n > N$ 时，有

$$|q^n - 0| < \varepsilon,$$

所以

$$\lim_{n \to \infty} q^n = 0.$$

3.5 数列极限的性质

数列极限有三个性质：**唯一性**、**有界性**、**保号性**.

1. 唯一性

> **定理 3.1** （数列极限的唯一性）如果数列 $\{x_n\}$ 收敛,那么它的极限唯一.

思路 1 用反证法.

假设数列 $\{x_n\}$ 收敛,而它的极限不唯一,则有 $x_n \to a_1$ 及 $x_n \to a_2$,且 $a_1 \neq a_2$.

因为 $\lim\limits_{n \to \infty} x_n = a_1$,所以

$$\forall \varepsilon_1 > 0, \exists N_1 > 0, \forall n > N_1, |x_n - a_1| < \varepsilon_1.$$

又因为 $\lim\limits_{n \to \infty} x_n = a_2$,所以

$$\forall \varepsilon_2 > 0, \exists N_2 > 0, \forall n > N_2, |x_n - a_2| < \varepsilon_2.$$

怎么推出矛盾呢?

由于 ε_1 和 ε_2 是任取的,所以可以从 ε_1 和 ε_2 的取值着手考虑.

实质性的表达式只有两个:

$$|x_n - a_1| < \varepsilon_1,$$
$$|x_n - a_2| < \varepsilon_2.$$

我们看看怎么取 ε_1 和 ε_2,使得 $|x_n - a_1| < \varepsilon_1$ 和 $|x_n - a_2| < \varepsilon_2$ 不能同时成立.

把绝对值符号去掉(这一点很重要,因为绝对值不方便运算),得

$$|x_n - a_1| < \varepsilon_1 \Leftrightarrow a_1 - \varepsilon_1 < x_n < a_1 + \varepsilon_1,$$
$$|x_n - a_2| < \varepsilon_2 \Leftrightarrow a_2 - \varepsilon_2 < x_n < a_2 + \varepsilon_2.$$

若二者不能同时成立,则只能是

$$a_2 - \varepsilon_2 \geqslant a_1 + \varepsilon_1 \Leftrightarrow a_2 - a_1 \geqslant \varepsilon_1 + \varepsilon_2,$$

或者

$$a_1 - \varepsilon_1 \geqslant a_2 + \varepsilon_2 \Leftrightarrow a_1 - a_2 \geqslant \varepsilon_1 + \varepsilon_2.$$

因为 $\varepsilon_1 + \varepsilon_2 > 0$,而 $a_2 - a_1$ 和 $a_1 - a_2$ 二者必有一个大于 0.

又因为 $a_1 \neq a_2$,所以不妨设 $a_2 > a_1$,这样就只要找到 $\varepsilon_1, \varepsilon_2$,使得

$$a_2 - a_1 \geqslant \varepsilon_1 + \varepsilon_2$$

即可.

简单一点,取

$$\varepsilon_1 = \varepsilon_2 = \frac{a_2 - a_1}{2}$$

就能推出矛盾.

这个分析过程累不累?

觉得这个分析过程累很正常,因为笔者写起来也很累.

那为什么还要写呢?

为了凸显 ε- 隔离带的优势!

思路 2　如图 3-3 所示,要通过选择$\varepsilon_1,\varepsilon_2$推出思路 1 中的反证条件矛盾,只需让它们的动态隔离带不交叉,即只要$\varepsilon_1 + \varepsilon_2 < |a_1 - a_2|$即可.

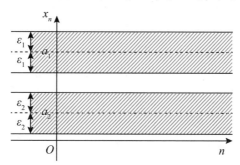

图 3-3

小结　(1)中学数学内容少、题多,大学数学内容多、题少. 相比于中学数学的题海战术,大学数学需要更强的举一反三能力.

(2)数学很强调证明,给出一个严格的证明有助于锻炼逻辑思维能力. 遗憾的是,我们对证明题的训练不够重视. 本题给出了详细的思路分析,旨在引导大家如何思考,提升逻辑推理能力.

2. 有界性

下面介绍有界性. 先给出有界的定义.

定义 3.3　对于数列$\{x_n\}$,如果存在正数 M,使得对于一切x_n,都满足不等式

$$|x_n| \leqslant M,$$

那么称数列$\{x_n\}$是**有界的**;如果这样的正数 M 不存在,就说数列$\{x_n\}$是**无界的**.

定理 3.2　(收敛数列的有界性)如果数列$\{x_n\}$收敛,那么数列$\{x_n\}$一定有界.

思路 1 因为数列 $\{x_n\}$ 收敛，所以可设 $\lim\limits_{n\to\infty} x_n = a$.

根据数列极限的定义，对于 $\varepsilon = 1$，存在正整数 N，当 $n > N$ 时，不等式

$$|x_n - a| < 1$$

都成立. 于是，当 $n > N$ 时，

$$|x_n| = |(x_n - a) + a| \leqslant |x_n - a| + |a| < 1 + |a|.$$

取 $M = \max\{|x_1|, |x_2|, \cdots, |x_N|, 1 + |a|\}$，那么数列 $\{x_n\}$ 中的一切 x_n 都满足不等式

$$|x_n| \leqslant M.$$

所以数列 $\{x_n\}$ 是有界的.

小结 （1）设 $\lim\limits_{n\to\infty} x_n = a$ 非常关键，其作用是**把条件转化为数学表达式！**

（2）证明过程中用到了不等式 $|a + b| \leqslant |a| + |b|$.

（3）证明"数列 $\{x_n\}$ 一定有界"的难点是：要证一切 x_n 都满足不等式，而 x_n 有无穷多个. 处理的策略是以有限刻画无限，即：用 $n > N$ 处理无限项.

思路 2 还是用 ε - 隔离带理解. 如图 3-4 所示，当 $n > N$ 时，点集 $\{(n, x_n)\}$ 都在 ε - 隔离带内，所以 $\{x_n\}_{n>N}$ 有界，故只需考虑 $n \leqslant N$ 的情况，而有限个数肯定是有界的.

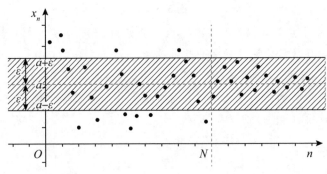

图 3-4

3. 保号性

定理 3.3 （收敛数列的保号性）如果 $\lim\limits_{n\to\infty} x_n = a$，且 $a > 0$（或 $a < 0$），那么存在正整数 N，当 $n > N$ 时，都有 $x_n > 0$（或 $x_n < 0$）.

证明 以 $a > 0$ 为例.

由数列极限的定义，对 $\varepsilon = \dfrac{a}{2} > 0$，存在正整数 N，当 $n > N$ 时，有

$$|x_n - a| < \frac{a}{2},$$

从而

$$x_n > a - \frac{a}{2} = \frac{a}{2} > 0.$$

再用 ε- 隔离带理解. 如图 3-5 所示，只要选择 ε，使得 $a - \varepsilon > 0$ 即可！

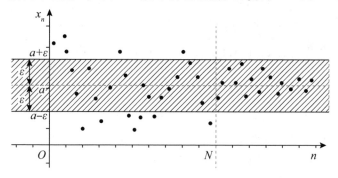

图 3-5

数列极限的定义之后马上安排了三个定理. 大学数学之所以难学，一个很重要的原因是：新知识来得太多、太密集，而且又太抽象. 往往是在新知识还没有完全消化的时候，就有更新的知识要学了. 真可谓是"一波还未平息，一波又来侵袭".

高尔基在《海燕》中说：让暴风雨来得更猛烈些吧！但是，在学习大学数学的过程中，太猛烈的"暴风雨"带来的往往是灾难性的后果. 毕竟，不能指望所有的大学生都是数学上的"海燕".

本书的目的就是尽量让大学数学这场"猛烈的暴风雨"变身"微风细雨"，淋得数学充满诗意. 等我们适应了"微风细雨"，开学后就能经得起"暴风雨"的考验了.

3.6 扩大战果 —— 数列极限的运算法则

数列的极限定义很精确，但是用起来太复杂！如果每个求极限的题目都要用定义解决，那将是一场灾难！

这个时候，运算法则就派上用场了！

回顾一下，加法是枚举数数的简便运算，乘法是加法的简便运算，乘方是乘法的简便运算. 这些运算帮助我们快速扩充了所掌握的数的范围. 所以，运算非常重要！

类似地，数列极限的运算也能帮助我们在已证明的数列极限的基础上，快速获得其他数列的极限.

> **定理 3.4** （数列极限的运算法则）如果 $\lim\limits_{n\to\infty} x_n = a$，$\lim\limits_{n\to\infty} y_n = b$，则数列
>
> $\{x_n \pm y_n\}$，$\{x_n y_n\}$，$\left\{\dfrac{x_n}{y_n}\right\}$（$y_n \neq 0, b \neq 0$）的极限都存在,且
>
> (1) $\lim\limits_{n\to\infty}(x_n \pm y_n) = \lim\limits_{n\to\infty} x_n \pm \lim\limits_{n\to\infty} y_n = a \pm b$;
>
> (2) $\lim\limits_{n\to\infty}(x_n \cdot y_n) = \lim\limits_{n\to\infty} x_n \cdot \lim\limits_{n\to\infty} y_n = a \cdot b$;
>
> 特别地,当 k 为常数时,有 $\lim\limits_{n\to\infty}(kx_n) = k\lim\limits_{n\to\infty} x_n = ka$;
>
> (3) $\lim\limits_{n\to\infty} \dfrac{x_n}{y_n} = \dfrac{\lim\limits_{n\to\infty} x_n}{\lim\limits_{n\to\infty} y_n} = \dfrac{a}{b}$（$y_n \neq 0, b \neq 0$）.

这几个运算法则的证明留给大家练习或入学后再认真解决.

用极限的运算法则,根据例 3.1 的结论可得:

若 k 是大于 1 的正整数,那么

$$\lim_{n\to\infty} \frac{1}{n^k} = 0, \lim_{n\to\infty} \frac{b}{n^k} = 0(b \text{ 为任意数}).$$

还有

$$\lim_{n\to\infty} \frac{n^2+1}{2n^2+1} = \lim_{n\to\infty} \frac{1 + \dfrac{1}{n^2}}{2 + \dfrac{1}{n^2}} = \frac{\lim\limits_{n\to\infty}\left(1 + \dfrac{1}{n^2}\right)}{\lim\limits_{n\to\infty}\left(2 + \dfrac{1}{n^2}\right)} = \frac{1}{2}.$$

小结　关于数列极限的四则运算要注意两点.

(1) 前提:两个数列的极限都存在.

(2) 只能推广到有限项极限的四则运算,不能推广到**无限项**. 如

$$\lim_{n\to\infty}\left(\frac{1}{n^2} + \frac{2}{n^2} + \cdots + \frac{n}{n^2}\right) \neq \lim_{n\to\infty}\frac{1}{n^2} + \cdots + \lim_{n\to\infty}\frac{n}{n^2} = 0,$$

应该是

$$\lim_{n\to\infty}\left(\frac{1}{n^2} + \frac{2}{n^2} + \cdots + \frac{n}{n^2}\right) = \lim_{n\to\infty}\frac{1+2+\cdots+n}{n^2} = \lim_{n\to\infty}\frac{\dfrac{n(n+1)}{2}}{n^2} = \frac{1}{2}.$$

3.7　数列极限存在的准则

数列极限的定义非常精确,运算法则也很有效,但仍然满足不了求数列极限的

巨大需求，所以数学家们发展了庞大的极限理论. 当然，只有那些最简单、最常用的理论才能选入教材. 本节介绍其中两个重要准则.

1. 夹逼准则

准则1 如果数列 $\{x_n\}$，$\{y_n\}$ 及 $\{z_n\}$ 满足下列条件：

(1) $\exists\, n_0 \in \mathbf{N}^*$，当 $n > n_0$ 时，有
$$y_n \leqslant x_n \leqslant z_n;$$

(2) $\lim\limits_{n \to \infty} y_n = a$，$\lim\limits_{n \to \infty} z_n = a$；

那么数列 $\{x_n\}$ 的极限存在，且 $\lim\limits_{n \to \infty} x_n = a$.

证明 因为当 $n \to \infty$ 时，$y_n \to a$，$z_n \to a$，所以根据数列极限的定义，$\forall \varepsilon > 0$，

$\exists\, N_1$，当 $n > N_1$ 时，有 $|\, y_n - a\,| < \varepsilon$，即 $a - \varepsilon < y_n < a + \varepsilon$，

$\exists\, N_2$，当 $n > N_2$ 时，有 $|\, z_n - a\,| < \varepsilon$，即 $a - \varepsilon < z_n < a + \varepsilon$.

取 $N = \max\{n_0, N_1, N_2\}$，则当 $n > N$ 时，有
$$a - \varepsilon < y_n < a + \varepsilon,\ a - \varepsilon < z_n < a + \varepsilon.$$

因为 $n > N \geqslant n_0$，又由题意得 $y_n \leqslant x_n \leqslant z_n$，从而有
$$a - \varepsilon < y_n \leqslant x_n \leqslant z_n < a + \varepsilon,$$

即 $|\, x_n - a\,| < \varepsilon$ 成立. 所以
$$\lim_{n \to \infty} x_n = a.$$

这个准则称为**夹逼准则**.

用 ε - 隔离带（图 3-6）理解准则 1.

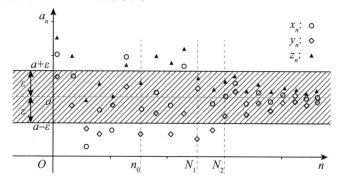

图 3-6

例 **3.3** 证明：$\lim\limits_{n \to \infty} \sqrt[n]{n} = 1$.

证明1 因为 $a^n - b^n = (a - b)(a^{n-1} + a^{n-2}b + \cdots + ab^{n-2} + b^{n-1})$，所以
$$n - 1 = \left(\sqrt[n]{n}\right)^n - 1 = \left(\sqrt[n]{n} - 1\right)\left[\left(\sqrt[n]{n}\right)^{n-1} + \left(\sqrt[n]{n}\right)^{n-2} + \cdots + 1\right].$$

当 $n > 3$ 时,根据 $a^2 + b^2 \geqslant 2ab(a, b > 0)$ 得

$$(\sqrt[n]{n})^{n-1} + 1 > 2n^{\frac{n-1}{2n}},$$

$$(\sqrt[n]{n})^{n-2} + \sqrt[n]{n} > 2n^{\frac{n-1}{2n}},$$

$$(\sqrt[n]{n})^{n-3} + (\sqrt[n]{n})^2 > 2n^{\frac{n-1}{2n}},$$

$$\cdots\cdots$$

$$1 + (\sqrt[n]{n})^{n-1} > 2n^{\frac{n-1}{2n}},$$

所以

$$(\sqrt[n]{n})^{n-1} + (\sqrt[n]{n})^{n-2} + \cdots + 1 > n \cdot n^{\frac{n-1}{2n}} > n \cdot n^{\frac{1}{3}}.$$

从而

$$\left| \sqrt[n]{n} - 1 \right| = \frac{n-1}{(\sqrt[n]{n})^{n-1} + (\sqrt[n]{n})^{n-2} + \cdots + 1} < \frac{n-1}{n \cdot n^{\frac{1}{3}}} < \frac{1}{n^{\frac{1}{3}}},$$

所以

$$1 < \sqrt[n]{n} < 1 + \frac{1}{n^{\frac{1}{3}}}.$$

又 $\lim\limits_{n \to \infty} 1 = \lim\limits_{n \to \infty} \left(1 + \frac{1}{n^{\frac{1}{3}}} \right) = 1$,所以根据准则 1,可知

$$\lim_{n \to \infty} \sqrt[n]{n} = 1.$$

注意 证明中用到的公式

$$a^n - b^n = (a - b)(a^{n-1} + a^{n-2}b + \cdots + ab^{n-2} + b^{n-1}),$$

右侧直接展开可证. 或者把

$$a^{n-1} + a^{n-2}b + \cdots + ab^{n-2} + b^{n-1}$$

看成等比数列$\left(\text{首项为} a^{n-1}, \text{公比为} \dfrac{b}{a} \right)$的和,然后用等比数列求和公式证明.

证明 2 由二项式定理得

$$\left(1 + \frac{2}{\sqrt{n}} \right)^n = 1 + C_n^1 \left(\frac{2}{\sqrt{n}} \right) + C_n^2 \left(\frac{2}{\sqrt{n}} \right)^2 + \cdots + C_n^n \left(\frac{2}{\sqrt{n}} \right)^n$$

$$= 1 + 2\sqrt{n} + \frac{n(n-1)}{2} \cdot \frac{4}{n} + \cdots + C_n^n \left(\frac{2}{\sqrt{n}} \right)^n$$

$$> 1 + 2\sqrt{n} + 2n - 2$$

$$> n,$$

所以

$$1 + \frac{2}{\sqrt{n}} > \sqrt[n]{n}.$$

从而

$$1 < \sqrt[n]{n} < 1 + \frac{2}{\sqrt{n}}.$$

又 $\lim\limits_{n \to \infty} 1 = \lim\limits_{n \to \infty} \left(1 + \frac{2}{\sqrt{n}}\right) = 1$，所以根据准则 1，可知

$$\lim_{n \to \infty} \sqrt[n]{n} = 1.$$

注意 证明中用到的二项式定理，在比较指数与多项式的大小时也很常用.

例 3.4 求下列极限.

(1) $\lim\limits_{n \to \infty} \left[\dfrac{1}{\sqrt{n^2}} + \dfrac{1}{\sqrt{n^2 + 1}} + \cdots + \dfrac{1}{\sqrt{(n+1)^2}} \right]$，

(2) $\lim\limits_{n \to \infty} n \left(\dfrac{1}{n^2 + 1} + \dfrac{1}{n^2 + 2} + \cdots + \dfrac{1}{n^2 + n} \right)$.

解 (1) 由于

$$n^2 \leqslant n^2 + i \leqslant (n+1)^2, i = 0, 1, \cdots, 2n + 1,$$

所以

$$2 = \underbrace{\frac{1}{\sqrt{(n+1)^2}} + \frac{1}{\sqrt{(n+1)^2}} + \cdots + \frac{1}{\sqrt{(n+1)^2}}}_{2n+2 \text{项}}$$

$$\leqslant \frac{1}{\sqrt{n^2}} + \frac{1}{\sqrt{n^2 + 1}} + \cdots + \frac{1}{\sqrt{(n+1)^2}}$$

$$\leqslant \underbrace{\frac{1}{\sqrt{n^2}} + \frac{1}{\sqrt{n^2}} + \cdots + \frac{1}{\sqrt{n^2}}}_{2n+2 \text{项}}$$

$$= \frac{2(n+1)}{n}.$$

又因为

$$\lim_{n \to \infty} \frac{2(n+1)}{n} = 2, \lim_{n \to \infty} 2 = 2.$$

根据准则 1 知

$$\lim_{n \to \infty} \left[\frac{1}{\sqrt{n^2}} + \frac{1}{\sqrt{n^2 + 1}} + \cdots + \frac{1}{\sqrt{(n+1)^2}} \right] = 2.$$

(2) 由于

$$\frac{1}{n^2 + n} \leqslant \frac{1}{n^2 + i} \leqslant \frac{1}{n^2}, i = 1, 2, \cdots, n,$$

所以

$$\frac{n^2}{n^2+n} \leqslant n\left(\frac{1}{n^2+1}+\frac{1}{n^2+2}+\cdots+\frac{1}{n^2+n}\right) \leqslant \frac{n^2}{n^2}=1.$$

又因为

$$\lim_{n\to\infty}\frac{n^2}{n^2+n}=\lim_{n\to\infty}1=1,$$

所以由准则 1 可知

$$\lim_{n\to\infty}n\left(\frac{1}{n^2+1}+\frac{1}{n^2+2}+\cdots+\frac{1}{n^2+n}\right)=1.$$

2. 单调有界准则

在介绍第二个准则前,先定义单调数列.

如果数列 $\{x_n\}$ 满足条件

$$x_1 \leqslant x_2 \leqslant x_3 \leqslant \cdots \leqslant x_n \leqslant x_{n+1} \leqslant \cdots,$$

则称数列 $\{x_n\}$ 是**单调增加**的;

如果数列 $\{x_n\}$ 满足条件

$$x_1 \geqslant x_2 \geqslant x_3 \geqslant \cdots \geqslant x_n \geqslant x_{n+1} \geqslant \cdots,$$

则称数列 $\{x_n\}$ 是**单调减少**的.

> **准则 2** 　单调有界数列必有极限.

这个准则称为单调有界准则,这里不予证明.

数学中两个非常重要的无理数 π 和 e 都可以用准则 2 所蕴含的极限来定义.

(1) π 的定义

中国古代数学家刘徽在"割圆术"中说:"割之弥细,所失弥少,割之又割,以至于不可割,则与圆周合体而无所失矣."

设 S 为圆的面积,$S_n (n \geqslant 3)$ 为单位圆内接正 n 边形的面积(图 3-7),则

$$S_3 < S_4 < S_5 < \cdots < S_n < \cdots.$$

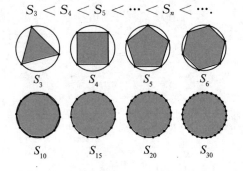

图 3-7

显然,$0 < S_n < 4$,所以 $\{S_n\}$ 是单调递增数列,由准则 2 知其必有极限,即存在

实数 S,使得

$$\lim_{n \to \infty} S_n = S.$$

这个数列的极限就是 π.

(2)e 的定义

再看用极限定义的 e.

设 $x_n = \left(1 + \dfrac{1}{n}\right)^n$,由于

$$x_n = \left(1 + \frac{1}{n}\right)^n = 1 + \frac{n}{1!} \cdot \frac{1}{n} + \frac{n(n-1)}{2!} \cdot \frac{1}{n^2} + \cdots + \frac{n(n-1)\cdots(n-n+1)}{n!} \cdot \frac{1}{n^n}$$

$$= 1 + 1 + \frac{1}{2!}\left(1 - \frac{1}{n}\right) + \cdots + \frac{1}{n!}\left(1 - \frac{1}{n}\right)\left(1 - \frac{2}{n}\right)\cdots\left(1 - \frac{n-1}{n}\right),$$

类似地有

$$x_{n+1} = 1 + 1 + \frac{1}{2!}\left(1 - \frac{1}{n+1}\right) + \cdots + \frac{1}{n!}\left(1 - \frac{1}{n+1}\right)\left(1 - \frac{2}{n+1}\right)\cdots\left(1 - \frac{n-1}{n+1}\right)$$

$$+ \frac{1}{(n+1)!}\left(1 - \frac{1}{n+1}\right)\left(1 - \frac{2}{n+1}\right)\cdots\left(1 - \frac{n}{n+1}\right).$$

从第三项开始,x_n 的每一项都小于 x_{n+1} 的对应项,并且 x_{n+1} 还多了一个大于 0 的项,因此

$$x_n < x_{n+1},$$

所以数列 $\{x_n\}$ 是单调增加的.

把 x_n 的展开式中各项括号内的数都放大为 1,得

$$x_n \leqslant 1 + \left(1 + \frac{1}{2!} + \frac{1}{3!} + \cdots + \frac{1}{n!}\right) \leqslant 1 + \left(1 + \frac{1}{2} + \frac{1}{2^2} + \cdots + \frac{1}{2^{n-1}}\right)$$

$$= 1 + \frac{1 - \dfrac{1}{2^n}}{1 - \dfrac{1}{2}} = 3 - \frac{1}{2^{n-1}} < 3,$$

所以数列 $\{x_n\}$ 有界.

根据准则 2,数列 $\{x_n\}$ 的极限存在.

$x_n = \left(1 + \dfrac{1}{n}\right)^n$ 的极限通常用字母 e 表示,即

$$\lim_{n \to \infty}\left(1 + \frac{1}{n}\right)^n = e.$$

e 是无理数,它的值是

$$e = 2.718281828459045\cdots.$$

这个看上去非常"高大上"的极限与生活的联系非常密切.

如计算银行存款利息. 假设本金为 A,存的年利率为 r,那么存 1 年后的本息

合计为

$$A_1 = A(1+r).$$

如银行能够每半年按复利计息一次，则半年后取出来存款的本息合计为 $A\left(1+\dfrac{r}{2}\right)$. 再马上将本息存入银行，这样 1 年到期的时候，存款的本息合计为

$$A_2 = A\left(1+\frac{r}{2}\right)^2.$$

显然

$$A_2 = A\left(1+\frac{r}{2}\right)^2 = A + Ar + A \cdot \frac{r^2}{4} > A + Ar = A_1.$$

大家有没有心动？

再对银行提出更高的要求，如每 4 个月按复利计息一次，甚至每月、每天、每小时、每分钟、每秒钟按复利计息一次，又会如何呢？

先看每 4 个月按复利计息一次，1 年到期的时候，存款的本息合计为

$$A_3 = A\left(1+\frac{r}{3}\right)^3.$$

一般地，如果 1 年按复利计息 n 次，那么 1 年到期时存款的本息合计为

$$A_n = A\left(1+\frac{r}{n}\right)^n.$$

看上去很不错，有没有可能是无穷多呢？好期待啊！

$$\lim_{n\to\infty} A_n = \lim_{n\to\infty}\left[A\left(1+\frac{r}{n}\right)^n\right] = \lim_{n\to\infty}\left[A\left(1+\frac{1}{n/r}\right)^n\right]$$
$$= \lim_{n\to\infty}\left\{A\left[\left(1+\frac{1}{n/r}\right)^{\frac{n}{r}}\right]^r\right\} = Ae^r.$$

所以，无限次存取与 1 年期整存整取的利率比为

$$\frac{Ae^r}{A_1} = \frac{e^r}{1+r}.$$

让大家失望了！一般情况下这个数不太大。

比如，中国某银行某年公布的人民币存款利率表中，1 年期整存整取的利率为 1.55%，也就是 $r = 0.0155$. 代入计算得

$$1+r = 1.0155,$$
$$e^r = 1.01562.$$

聊胜于无吧。

不过，e 却是一个有趣的数。如

$$e = 2 + \cfrac{1}{1 + \cfrac{1}{2 + \cfrac{2}{3 + \cfrac{3}{4 + \cfrac{4}{5 + \cfrac{5}{6 + \cfrac{6}{7 + \cfrac{7}{8 + \cfrac{8}{\cdots}}}}}}}}}.$$

对 e 的介绍告一段落,但它还会再回来的!

4

函数的连续性 —— 节者无间,刃者有厚,游刃无余

    《庖丁解牛》选自《庄子·养生主》,它生动地描述了庖丁充分利用牛的"节者有间"(牛的关节之间有间隙)、刀的"刃者无厚"(刀刃锋利,像没有厚度一样),而达到解牛的"游刃有余"(肢解牛体时若能对准骨节间的空隙下刀,刀刃运行于空隙之间还有回旋的余地)之境.

    在实际生活中,节者虽然有间,刃者却不能无厚. 不过,只要刃之厚小于节之间,仍然可以游刃有余.

    本章要介绍的连续函数,其图象却是"节者无间,刃者有厚,游刃无余". 所以,庖丁能肢解牛,但肢解不了连续函数的图象!

    连续函数,它就是这么牛!

    且听笔者慢慢道来.

    连续是生活中出镜率很高的词. 如某国主要经济指标连续多月正增长,某公司技术成果连续多年全球领先,等等. 为了便于理解,数学中的概念经常取一个大家熟悉的名称,如极限、连续等. 但生活中与数学领域相同的名词所表述的意义往往有差别,这会对正确理解数学概念造成干扰.

    所以,在学习数学的过程中,既要**顾名思义**,用生活经验帮助我们认识数学概念,又要**避免望文生义**,防范生活中的经验对理解数学概念的干扰.

    函数的连续性与生活中所讲的连续区别很大. 不过在介绍函数的连续性之前,要先讲函数的极限.

4.1 函数的极限

1. 函数极限的定义

以 x_0 为中心的任何开区间称为点 x_0 的**邻域**,记作 $U(x_0)$.

在 $U(x_0)$ 中去掉中心点 x_0 后,称为点 x_0 的**去心邻域**,记作 $\mathring{U}(x_0)$.

> **定义 4.1** 设 $f(x)$ 在点 x_0 的某一去心邻域内有定义. 如果存在常数 A,对于任意给定的正数 ε(不论它多么小),总存在正数 δ,使得当 x 满足不等式 $0 < |x - x_0| < \delta$ 时,对应的函数值 $f(x)$ 都满足不等式
> $$|f(x) - A| < \varepsilon,$$
> 那么常数 A 称为函数 $f(x)$ 当 $x \to x_0$ 时的极限,记作
> $$\lim_{x \to x_0} f(x) = A,$$
> 或
> $$f(x) \to A (x \to x_0).$$

定义 4.1 中的 $|x - x_0| > 0$ 意味着 $x \neq x_0$,所以 $x \to x_0$ 时 $f(x)$ 有没有极限,与 $f(x)$ 在点 x_0 处是否有定义并无关系. 从这个意义上讲,x_0 类似于数列极限定义中的 ∞,在考虑极限时不考虑其函数值是否有定义,因为数列中没有 x_∞.

强调去心邻域还有更深的用意. 先卖个关子,后续再提这件事情.

与数列极限一样,函数极限的定义可简单地表述为
$$\lim_{x \to x_0} f(x) = A$$
$\Leftrightarrow \forall \varepsilon > 0, \exists \delta > 0, \forall x$ 满足 $0 < |x - x_0| < \delta, |f(x) - A| < \varepsilon$.

区别于定义数列极限的 ε-N 语言,函数极限的定义用的是 **ε-δ 语言**. ε-隔离带依然有效(图 4-1).

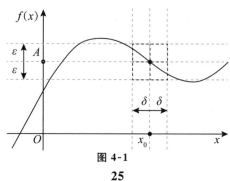

图 4-1

为什么数学上有很多像极限一样拗口的定义呢?

先看两个例子.

(1) **狄利克雷函数**:

$$D(x) = \begin{cases} 1, x \text{ 是有理数}, \\ 0, x \text{ 是无理数}, \end{cases}$$

它在每个点处均不连续,极限均不存在.

(2) **爆米花函数**(图 4-2):

$$f(x) = \begin{cases} \dfrac{1}{n}, x \text{ 为非零有理数,最简分数}\dfrac{m}{n}, \\ 0, x \text{ 为无理数}, \\ 1, x = 0. \end{cases}$$

这个函数在无理点处连续,在有理点处不连续.

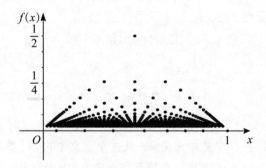

图 4-2

这么奇怪的性质,直观上很难看出来,也很难讲清楚.

微积分刚发展时,处于诉诸直观的不严谨阶段,多次出现与直观相悖的事实,所以饱受攻击. 像爆米花函数一样奇形怪状的函数不断被构造出来颠覆大家的认知. 经过许多数学家长久的努力,才将微积分严格化,形成今日微积分的面貌.

例外情况虽然都被排除掉了,但是代价也是惨重的:定义、定理变得更抽象难懂了!

航空、高铁等目前已发展成熟的行业也有类似的发展经历:为了保障人员安全,出台了严格的安检制度,导致一些人不理解,甚至抱怨. 实际上,每一个看似不近人情的规定背后都是无数次血的代价!

数学上每一个严格、抽象的定义、定理的背后,都是无数意想不到的例外情况.

所以,我们要像坦然接受严格的安检一样接受数学严格的定义方式.

例 4.1 用函数极限定义证明:

$$\lim_{x \to 4} \sqrt{x} = 2.$$

证明 $\forall \varepsilon > 0$,若要$\left| \sqrt{x} - 2 \right| < \varepsilon$,由

$$\left| \sqrt{x} - 2 \right| = \frac{1}{\sqrt{x} + 2} \left| x - 4 \right| < \frac{1}{2} \left| x - 4 \right|,$$

可知只要$\frac{1}{2} \left| x - 4 \right| < \varepsilon$即可.由此可知

$$\left| x - 4 \right| < 2\varepsilon.$$

令$\delta = 2\varepsilon$,则当$0 < \left| x - 4 \right| < \delta$时,都有

$$\left| \sqrt{x} - 2 \right| < \varepsilon.$$

按定义知

$$\lim_{x \to 4} \sqrt{x} = 2.$$

2. 函数的单侧极限

在 $f(x)$ 的极限定义中,当 $x \to x_0$ 时,x 既从 x_0 左侧趋向于 x_0,也从 x_0 右侧趋向于 x_0,但有时只能或只需考虑 x 仅从 x_0 左侧趋向于 x_0(记作 $x \to x_0^-$)的情形,或考虑 x 仅从 x_0 右侧趋向于 x_0(记作 $x \to x_0^+$)的情形.

在 $x \to x_0^-$ 的情形中,x 在 x_0 左侧,$x < x_0$.在 $\lim\limits_{x \to x_0} f(x) = A$ 的定义中,把 $0 < \left| x - x_0 \right| < \delta$ 改为 $x_0 - \delta < x < x_0$,那么常数 A 称为函数 $f(x)$ 当 $x \to x_0$ 时的**左极限**,记作

$$\lim_{x \to x_0^-} f(x) = A \text{ 或 } f(x_0^-) = A.$$

类似地,在 $\lim\limits_{x \to x_0} f(x) = A$ 的定义中,把 $0 < \left| x - x_0 \right| < \delta$ 改为 $x_0 < x < x_0 + \delta$,那么常数 A 称为函数 $f(x)$ 当 $x \to x_0$ 时的**右极限**,记作

$$\lim_{x \to x_0^+} f(x) = A \text{ 或 } f(x_0^+) = A.$$

左极限与右极限统称为**单侧极限**.

根据 $x \to x_0$ 时函数 $f(x)$ 的极限定义,以及左极限和右极限的定义,容易证明:函数 $f(x)$ 当 $x \to x_0$ 时极限存在的充分必要条件是左极限及右极限均存在且相等,即

$$f(x_0^-) = f(x_0^+).$$

因此,即使 $f(x_0^-)$ 和 $f(x_0^+)$ 都存在,但若不相等,则 $\lim\limits_{x \to x_0} f(x)$ 不存在(图 4-3).

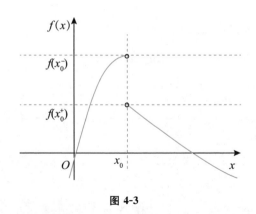

图 4-3

3. $x \to \infty$ 时的函数极限

函数极限还有 $x \to \infty$ 的情况.

> **定义 4.2** 设 $f(x)$ 当 $|x|$ 大于某一正数时有定义. 如果存在常数 A,对于任意给定的正数 ε(不论它多么小),总存在正数 X,使得当 x 满足不等式 $|x| > X$ 时,对应的函数值 $f(x)$ 都满足不等式
>
> $$|f(x) - A| < \varepsilon,$$
>
> 那么常数 A 就称为函数 $f(x)$ 当 $x \to \infty$ 时的极限,记作
>
> $$\lim_{x \to \infty} f(x) = A,$$
>
> 或
>
> $$f(x) \to A \, (x \to \infty).$$

如果 $x > 0$ 且无限增大(记作 $x \to +\infty$),那么只要把上面定义中的 $|x| > X$ 改为 $x > X$,就可以得到 $\lim\limits_{x \to +\infty} f(x) = A$ 的定义.

同样,如果 $x < 0$ 且 $|x|$ 无限增大(记作 $x \to -\infty$),那么只要把 $|x| > X$ 改为 $x < -X$,就可以得到 $\lim\limits_{x \to -\infty} f(x) = A$ 的定义.

小结　函数极限有 6 种情况:

$$x \to x_0, x \to x_0^+, x \to x_0^-,$$
$$x \to \infty, x \to +\infty, x \to -\infty.$$

4.2　函数极限的性质、运算与判断准则

与数列极限一样,函数极限也有唯一性、有界性、保号性.

定理 4.1 (唯一性)如果 $\lim\limits_{x \to x_0} f(x)$ 存在,那么这极限唯一.

定理 4.2 (局部有界性)如果 $\lim\limits_{x \to x_0} f(x) = A$,那么存在常数 $M > 0$ 和 $\delta > 0$,使得当 $0 < |x - x_0| < \delta$ 时,有 $|f(x)| \leqslant M$.

定理 4.3 (局部保号性)如果 $\lim\limits_{x \to x_0} f(x) = A$,且 $A > 0$(或 $A < 0$),那么存在常数 $\delta > 0$,使得当 $0 < |x - x_0| < \delta$ 时,有 $f(x) > 0$(或 $f(x) < 0$).

类似数列极限的四则运算法则,函数极限也有四则运算法则. 由于函数极限有六种形式($x \to \infty, x \to +\infty, x \to -\infty, x \to x_0, x \to x_0^+, x \to x_0^-$),所以我们用"lim"表示六种形式中的某一种,称"lim"为"变量的极限".

注意 同一论述中的"lim"指的是自变量的同一变化过程.

定理 4.4 如果 $\lim f(x) = A, \lim g(x) = B$, 那么
(1) $\lim[f(x) \pm g(x)] = \lim f(x) \pm \lim g(x) = A \pm B$;
(2) $\lim[f(x) \cdot g(x)] = \lim f(x) \cdot \lim g(x) = AB$;
(3) 若又有 $g(x) \neq 0, B \neq 0$,则
$$\lim \frac{f(x)}{g(x)} = \frac{\lim f(x)}{\lim g(x)} = \frac{A}{B}.$$

这些性质与运算的证明与数列极限的类似.

夹逼准则对函数极限依然成立.

夹逼准则 如果

(1) 当 $x \in \mathring{U}(x_0, \delta)$(或 $|x| > X$)时,
$$g(x) \leqslant f(x) \leqslant h(x);$$
(2) $\lim g(x) = A, \lim h(x) = A$;
那么 $\lim f(x)$ 存在,且等于 A.

函数极限中有个重要的极限需要用夹逼准则证明.

例 4.2 证明 $\lim\limits_{x \to 0} \dfrac{\sin x}{x} = 1$.

证明 首先注意到,函数 $\dfrac{\sin x}{x}$ 对于一切 $x \neq 0$ 都有定义.

先考虑 $x > 0$ 的情况.

在图 4-4 所示的四分之一单位圆中，设圆心角 $\angle AOB = x\left(0 < x < \dfrac{\pi}{2}\right)$，点 A 处的切线与 OB 的延长线相交于点 D，又 $BC \perp OA$，则

$$\sin x = CB,\ x = \overset{\frown}{AB},\ \tan x = AD.$$

因为

$$\triangle AOB\ 的面积 < 扇形\ AOB\ 的面积 < \triangle AOD\ 的面积，$$

所以

$$\frac{1}{2}\sin x < \frac{1}{2}x < \frac{1}{2}\tan x,$$

即

$$\sin x < x < \tan x.$$

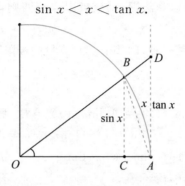

图 4-4

两边同除以 $\sin x$，得

$$1 < \frac{x}{\sin x} < \frac{1}{\cos x},$$

即

$$\cos x < \frac{\sin x}{x} < 1. \hspace{3cm} ①$$

当 x 用 $-x$ 代替时，$\cos x$ 与 $\dfrac{\sin x}{x}$ 都不变，所以 ① 式对开区间 $\left(-\dfrac{\pi}{2}, 0\right)$ 内的一切 x 也是成立的.

为了对 ① 式用夹逼准则，先证 $\lim\limits_{x \to 0} \cos x = 1$.

当 $0 < |x| < \dfrac{\pi}{2}$ 时，有

$$0 < |\cos x - 1| = 1 - \cos x = 2\sin^2 \frac{x}{2} < 2 \cdot \left(\frac{x}{2}\right)^2 = \frac{x^2}{2},$$

即

$$0 < 1 - \cos x < \frac{x^2}{2}.$$

当 $x \to 0$ 时, $\dfrac{x^2}{2} \to 0$, 由夹逼准则有 $\lim\limits_{x \to 0}(1 - \cos x) = 0$, 所以

$$\lim_{x \to 0} \cos x = 1.$$

由于 $\lim\limits_{x \to 0} \cos x = 1, \lim\limits_{x \to 0} 1 = 1$, 由不等式 ① 及夹逼准则得

$$\lim_{x \to 0} \frac{\sin x}{x} = 1.$$

现在可以回答函数极限的定义为什么要强调去心邻域了,因为有时候函数在 x_0 处是没有定义的.

由例 4.2 的结论可知

$$\lim_{x \to 0} \frac{\sin(3x)}{x} = \lim_{x \to 0} \left[3 \cdot \frac{\sin(3x)}{3x} \right] = 3.$$

因为

$$\lim_{x \to 0} \frac{\sin x}{x} = 1,$$

所以当 $x \to 0$ 时 $\sin x$ 与 x 趋向于相等,那么是否可以说

$$\lim_{x \to 0} \sin x = x?$$

当然不可以!因为极限值只能是一个常数.

只能说

$$\lim_{x \to 0} \sin x = 0,$$

或者说

$$\lim_{x \to 0} \sin x = \lim_{x \to 0} x.$$

4.3　函数的连续性

定义 4.3　设函数 $y = f(x)$ 在点 x_0 的某一邻域内有定义,如果

$$\lim_{x \to x_0} f(x) = f(x_0),$$

那么就称函数 $y = f(x)$ 在点 x_0 处连续.

注意　函数 $f(x)$ 在点 x_0 处连续有三个条件:

(1) 函数值 $f(x_0)$ 有定义;

(2) 极限 $\lim\limits_{x \to x_0} f(x)$ 存在;

（3）上述两者相等.

在区间上每一点处都连续的函数,称为**该区间上的连续函数**,或者说函数在该**区间上连续**.

中学学过如下五类函数:

$$幂函数：y = x^\mu\ (\mu \in \mathbf{R}，是常数)，$$

$$指数函数：y = a^x\ (a > 0\ 且\ a \neq 1)，$$

$$对数函数：y = \log_a x\ (a > 0\ 且\ a \neq 1)，$$

$$三角函数：如\ y = \sin x，y = \cos x，y = \tan x\ 等，$$

$$反三角函数：如\ y = \arcsin x，y = \arccos x，y = \arctan x\ 等.$$

这五类函数统称为**基本初等函数**.

由常数和基本初等函数经过有限次的四则运算和有限次的函数复合步骤所构成,并可用一个式子表示的函数,称为**初等函数**. 如

$$y = \sqrt{1 - 2x^2}，y = \tan x^2，y = \arcsin 2^x，$$

都是初等函数.

初等函数有一个非常好的性质:**一切初等函数在其定义区间内都是连续的**.

所谓**定义区间**,就是包含在定义域内的区间.

从直观上来说,把函数图象想象成一条线,然后用一把锋利的刀砍这条线,那么对于连续函数来说,无论这把刀有多么锋利,在砍的时候都会碰到这条线.

这就是本章开篇所说的"节者无间,刃者有厚,游刃无余".

4.4　闭区间上连续函数的性质

最大值与最小值的概念大家应该很熟悉了,这里我们再明确一下.

> **定义 4.4**　对于定义在区间 I 上的函数 $f(x)$,如果存在 $x_0 \in I$,使得对于任一 $x \in I$ 都有
> $$f(x) \leqslant f(x_0)\,[或\ f(x) \geqslant f(x_0)]，$$
> 那么称 $f(x_0)$ 是函数 $f(x)$ 在区间 I 上的**最大值**(或**最小值**).

如函数 $f(x) = 1 + \cos x$ 在区间 $[0, 2\pi]$ 上的最大值是 2,最小值是 0. 函数 $f(x) = 1$ 在任意区间上的最大值和最小值都等于 1(注意:最大值和最小值可以相等).

但函数 $f(x)=x$ 在开区间 (a,b) 内既无最大值,也无最小值.

下面的定理给出函数有界且最大值和最小值存在的充分条件.

定理 4.5 (有界性与最大值最小值定理)在闭区间上连续的函数在该区间上有界且一定能取到它的最大值和最小值.

如果存在点 x_0,使得 $f(x_0)=0$,那么称点 x_0 为函数 $f(x)$ 的**零点**.

定理 4.6 (零点定理)设函数 $f(x)$ 在闭区间 $[a,b]$ 上连续,且 $f(a)$ 与 $f(b)$ 异号[即 $f(a) \cdot f(b) < 0$],则在开区间 (a,b) 内至少存在一点 ξ,使
$$f(\xi)=0.$$

定理 4.5 和 4.6 的证明很难,这里就不证明了.

定理 4.6 的几何意义是:如果一段连续曲线 $y=f(x)$ 的两个端点位于 x 轴的不同侧,那么这段曲线与 x 轴至少有一个交点(图 4-5).

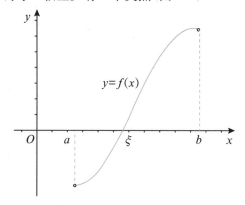

图 4-5

由定理 4.6 可推得更重要的介值定理.

定理 4.7 (介值定理)设函数 $f(x)$ 在闭区间 $[a,b]$ 上连续,且在这区间的端点有不同的函数值:
$$f(a)=A, f(b)=B,$$
则对于 A 与 B 之间的任意一个常数 C,在开区间 (a,b) 内至少存在一个点 ξ,使得
$$f(\xi)=C.$$

证明 设 $\varphi(x)=f(x)-C$,则 $\varphi(x)$ 在闭区间 $[a,b]$ 上连续,且 $\varphi(a)=A-C$ 与 $\varphi(b)=B-C$ 异号.根据零点定理,开区间 (a,b) 内至少有一点 ξ 使得
$$\varphi(\xi)=0.$$
又 $\varphi(\xi)=f(\xi)-C$,因此由上式即得

$$f(\xi) = C.$$

定理 4.7 的几何意义是：一段连续曲线 $y = f(x)$ 与介于水平直线 $y = A$ 和水平直线 $y = B$ 之间的水平直线 $y = C$ 至少相交于一点(图 4-6).

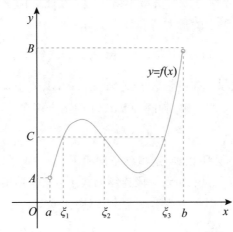

图 4-6

例 **4.3** 证明方程 $x^3 - 4x^2 + 1 = 0$ 在区间 $(0,1)$ 内至少有一个根.

证明 函数 $f(x) = x^3 - 4x^2 + 1$ 在闭区间 $[0,1]$ 上连续,又
$$f(0) = 1 > 0, f(1) = -2 < 0.$$
根据零点定理,在 $(0,1)$ 内至少有一点 ξ,使得
$$f(\xi) = 0,$$
即
$$\xi^3 - 4\xi^2 + 1 = 0,$$
所以方程 $x^3 - 4x^2 + 1 = 0$ 在区间 $(0,1)$ 内至少有一个根 ξ.

5

无穷小和无穷大 —— 勤学如春起之苗，不见其增，日有所长

春 起 之 苗

陶渊明

勤学如春起之苗，

不见其增，

日有所长；

辍学如磨刀之石，

不见其损，

日有所亏.

东晋末年诗人陶渊明的这首小诗形象地说明了做学问是一个不断累积的过程：勤学之人，乍一看，学问并不见得有所增加，但他就像春天的秧苗，其实每天都在茁壮成长.反之，如果学习懈怠或中断，粗一看，也不见有什么改变，但逆水行舟，不进则退，其学问也如磨刀之石一样每天都在减损.

后来，有人给出了"励志算式"，更精确地阐述了每天努力一点点的惊人效果.

$$1.01^{365} \approx 37.8,$$
$$0.99^{365} \approx 0.03.$$

为什么勤学有如此功效？

因为人学习的进步速度近似于指数增长的速度 —— 一开始也许很慢，但会越来越快.如我们小时候学数数，从 1 数到 10 要花很长时间，但掌握规律后，很快就可以从 1 数到任意大的数.

有的人小时了了大未必佳，有的人大器晚成，只不过是指数函数 $y = a^x (a > 1)$ 中 a 的大小不同而已：

35

小时了了是因为底数大,大未必佳是因为后续努力没跟上.

大器晚成是因为底数小,一开始进步慢,长时间的持续努力使之大器晚成.

指数函数的增长速度太惊人了,所以指数型增长又称为爆炸性增长,简称"指数爆炸"!

所谓学识渊博,本质是指数爆炸.

有利的增长,自然是希望它快一点,越"爆炸"越好.

但是,同样是增长,也有快慢的不同. 指数是爆炸性增长,$\lg n$ 增长就非常慢:n 从 10 增长到"一个小目标"(一亿),$\lg n$ 才从 1 增长到 8!

如果是不利的增长,当然是希望它慢一点.

如完成一个计算任务所要求的步骤数,就是增长得越慢越好.

现代科技迅猛发展,导致要处理的数据量越来越大,有时甚至要考虑 n 趋向于无穷大的情况. 这时候,就很有必要考虑函数或数列,趋向于无穷大的快慢问题了.

如常见的 $\ln n, n, \mathrm{e}^n, (n!)$ 等,当 n 趋向于无穷大时,虽然它们都趋向于无穷大,但增长速度完全不一样.实际上,有

$$0 = \lim_{n \to \infty} \frac{\ln n}{n} = \lim_{n \to \infty} \frac{n}{\mathrm{e}^n} = \lim_{n \to \infty} \frac{\mathrm{e}^n}{n!}.$$

对于无穷小,也有类似的情况,所以我们有必要理清无穷大、无穷小之间增长(或减小)的快慢关系.

5.1 无穷小的定义

定义 5.1 如果函数 $f(x)$ 当 $x \to x_0$(或 $x \to \infty$)时的极限为 0,那么称函数 $f(x)$ 为当 $x \to x_0$(或 $x \to \infty$)时的**无穷小**.

注意 (1) 无穷小是用极限定义的.

(2) 无穷小不是一个数,而是一个极限为 0 的函数.

(3) 生活中的无穷小与数学上的无穷小完全不是一回事,所以给数学术语起个生活化的词真的是双刃剑.

既然无穷小是由极限定义的,那么无穷小显然与函数极限有密切的联系.

定理 5.1 在自变量的同一变化过程 $x \to x_0$(或 $x \to \infty$)中,函数 $f(x)$ 具有极限 A 的充分必要条件是 $f(x) = A + \alpha$,其中 α 是无穷小.

证明　以 $x \to x_0$ 为例证明.

必要性,即 $\lim\limits_{x \to x_0} f(x) = A \Rightarrow f(x) = A + \alpha, \alpha$ 是无穷小.

因为 $\lim\limits_{x \to x_0} f(x) = A$,所以由函数极限的定义得

$$\forall \varepsilon > 0, \exists \delta > 0, 当\, 0 < |x - x_0| < \delta\, 时,有\, |f(x) - A| < \varepsilon.$$

令 $\alpha = f(x) - A$,根据函数极限定义得

$$\lim_{x \to x_0} \alpha = 0.$$

由无穷小的定义知 α 是当 $x \to x_0$ 时的无穷小,且

$$f(x) = A + \alpha,$$

所以 $f(x)$ 等于它的极限 A 与一个无穷小 α 之和.

充分性,即 $f(x) = A + \alpha, \alpha$ 是无穷小 $\Rightarrow \lim\limits_{x \to x_0} f(x) = A.$

因为 $f(x) = A + \alpha, A$ 是常数,于是

$$|f(x) - A| = |\alpha|.$$

因为 α 是当 $x \to x_0$ 时的无穷小,由无穷小的定义知

$$\lim_{x \to x_0} \alpha = 0.$$

根据函数极限的定义,

$$\forall \varepsilon > 0, \exists \delta > 0, 当\, 0 < |x - x_0| < \delta\, 时,有\, |\alpha| < \varepsilon,$$

即

$$|f(x) - A| < \varepsilon.$$

再根据函数极限的定义,可得

$$\lim_{x \to x_0} f(x) = A.$$

　　这个证明看上去有点绕,但它的思路很简单:不断使用极限的定义和无穷小的定义. 这是高等数学的一个特征,后面还会看到类似的证明,所以熟记定义对学习高等数学很重要.

　　建议　只要见到课本上定义过的概念,就回顾一次其定义.

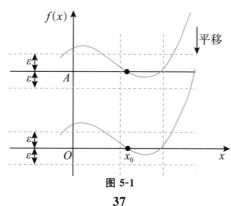

图 5-1

ε-隔离带(图 5-1)显示,无穷小相当于函数 $f(x)$ 的图象平移了 A 个单位.

不同函数的极限可能不同,但根据定理 5.1,可知它们有一个相同点:都可以写成极限值加无穷小的形式. 这个认知很重要,后面会多次用到.

5.2 无穷大的定义

与无穷小相对应的是无穷大.

> **定义 5.2** 设函数 $f(x)$ 在点 x_0 的某一去心邻域内有定义(或 $|x|$ 大于某一正数时有定义). 如果对于任意给定的正数 M(不论它多么大),总存在正数 δ(或正数 X),只要 x 满足不等式 $0 < |x - x_0| < \delta$(或 $|x| > X$),对应的函数值 $f(x)$ 总满足不等式
>
> $$|f(x)| > M,$$
>
> 那么称函数 $f(x)$ 是当 $x \to x_0$(或 $x \to \infty$)时的**无穷大**.

注意 根据函数极限的定义,当 $x \to x_0$(或 $x \to \infty$)时,如果 $f(x)$ 趋向于无穷大,那么它的极限不存在. 但为了便于叙述,我们也说"函数的极限是无穷大",并记作

$$\lim_{x \to x_0} f(x) = \infty \left[\text{或} \lim_{x \to \infty} f(x) = \infty \right].$$

同样,无穷大也不是一个数,而是一个极限为 ∞ 的函数!

无穷大和无穷小都是函数,而且都用极限定义,它们之间还存在着一种简单的关系.

> **定理 5.2** 在自变量的同一变化过程中,如果 $f(x)$ 为无穷大,那么 $\dfrac{1}{f(x)}$ 为无穷小;反之,如果 $f(x)$ 为无穷小,且 $f(x) \neq 0$,那么 $\dfrac{1}{f(x)}$ 为无穷大.

证明 仍然以 $x \to x_0$ 为例证明.

设 $\lim\limits_{x \to x_0} f(x) = \infty$,则 $\forall \varepsilon > 0$,根据无穷大的定义,取 $M = \dfrac{1}{\varepsilon}$,$\exists \delta > 0$,当 $0 < |x - x_0| < \delta$ 时,有

$$|f(x)| > M = \frac{1}{\varepsilon},$$

从而

$$\left| \frac{1}{f(x)} - 0 \right| < \varepsilon.$$

根据函数极限的定义,可知

$$\lim_{x \to x_0} \frac{1}{f(x)} = 0.$$

再根据无穷小的定义,可知 $\frac{1}{f(x)}$ 为当 $x \to x_0$ 时的无穷小.

反之,设 $\lim\limits_{x \to x_0} f(x) = 0$,且 $f(x) \neq 0$.

$\forall M > 0$,根据无穷小的定义,取 $\varepsilon = \frac{1}{M}$,$\exists \delta > 0$,当 $0 < |x - x_0| < \delta$ 时,有

$$|f(x)| < \varepsilon = \frac{1}{M}.$$

因为当 $0 < |x - x_0| < \delta$ 时,$f(x) \neq 0$,所以

$$\left| \frac{1}{f(x)} \right| > M,$$

根据无穷大的定义,可知 $\frac{1}{f(x)}$ 为当 $x \to x_0$ 时的无穷大.

函数 $y = \frac{1}{x}$ 的图象直观地显示了无穷小与无穷大的关系(图 5-2).

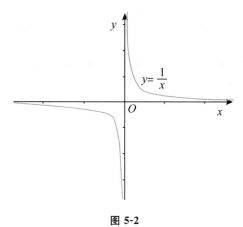

图 5-2

5.3　无穷小的比较

根据极限的运算法则,两个无穷小的和、差及乘积仍旧是无穷小. 但是,关于两个无穷小的商,会出现不同的情况. 如当 $x \to 0$ 时,$2x, x^2, \sin x$ 虽然都是无穷

小,然而

$$\lim_{x \to 0} \frac{x^2}{2x} = 0, \lim_{x \to 0} \frac{2x}{x^2} = \infty, \lim_{x \to 0} \frac{\sin x}{2x} = \frac{1}{2}.$$

两个无穷小之比的极限反映了不同的无穷小趋向于 0 的快慢程度:

在 $x \to 0$ 的过程中,

$$x^2 \to 0 \ \text{比} \ 2x \to 0 \ \text{快},$$

$$2x \to 0 \ \text{比} \ x^2 \to 0 \ \text{慢},$$

$$\sin x \to 0 \ \text{与} \ 2x \to 0 \ \text{成比例},$$

所以可以通过两个无穷小之商的极限区分它们趋向于 0 的快慢程度.

定义 5.3 设 α, β 是同一自变量变化过程中的无穷小,且 $\alpha \neq 0$,$\lim \frac{\beta}{\alpha}$ 是这个变化过程中的极限.

如果 $\lim \frac{\beta}{\alpha} = 0$,那么称 β 是 α 的**高阶无穷小**,记作 $\beta = o(\alpha)$;

如果 $\lim \frac{\beta}{\alpha} = \infty$,那么称 β 是 α 的**低阶无穷小**;

如果 $\lim \frac{\beta}{\alpha} = c \neq 0$,那么称 β 是 α 的**同阶无穷小**;

如果 $\lim \frac{\beta}{\alpha^k} = c \neq 0, k > 0$,那么称 β 是 α 的 k **阶无穷小**;

如果 $\lim \frac{\beta}{\alpha} = 1$,那么称 β 是 α 的**等价无穷小**,记作 $\alpha \sim \beta$.

显然,等价无穷小是同阶无穷小中 $c = 1$ 的特殊情形.

关于等价无穷小,有下面两个定理.

定理 5.3 β 与 α 是等价无穷小的充分必要条件为
$$\beta = \alpha + o(\alpha).$$

证明 必要性,设 $\alpha \sim \beta$,由等价无穷小的定义得

$$\lim \frac{\beta - \alpha}{\alpha} = \lim \left(\frac{\beta}{\alpha} - 1 \right) = \lim \frac{\beta}{\alpha} - 1 = 0.$$

根据高阶无穷小的定义,可得 $\beta - \alpha = o(\alpha)$,即 $\beta = \alpha + o(\alpha)$.

充分性,设 $\beta = \alpha + o(\alpha)$,由高阶无穷小的定义得

$$\lim \frac{\beta}{\alpha} = \lim \frac{\alpha + o(\alpha)}{\alpha} = \lim \left[1 + \frac{o(\alpha)}{\alpha} \right] = 1.$$

根据等价无穷小的定义,可知 $\alpha \sim \beta$.

定理5.4 设 $\alpha \sim \alpha', \beta \sim \beta'$,且 $\lim \dfrac{\beta'}{\alpha'}$ 存在,则

$$\lim \frac{\beta}{\alpha} = \lim \frac{\beta'}{\alpha'}.$$

证明 根据等价无穷小的定义,由 $\alpha \sim \alpha', \beta \sim \beta'$ 得

$$\lim \frac{\beta}{\beta'} = \lim \frac{\alpha'}{\alpha} = 1,$$

所以

$$\lim \frac{\beta}{\alpha} = \lim \left(\frac{\beta}{\beta'} \cdot \frac{\beta'}{\alpha'} \cdot \frac{\alpha'}{\alpha} \right) = \lim \frac{\beta}{\beta'} \cdot \lim \frac{\beta'}{\alpha'} \cdot \lim \frac{\alpha'}{\alpha} = \lim \frac{\beta'}{\alpha'}.$$

由定理 5.4,求两个无穷小之比的极限时,分子、分母皆可用等价无穷小代替.因此,选择恰当的无穷小替换可简化运算.

例 5.1 证明:当 $x \to 0$ 时,$\sqrt[n]{1+x} - 1 \sim \dfrac{x}{n}$.

证明 因为

$$\lim_{x \to 0} \frac{\sqrt[n]{1+x} - 1}{\dfrac{x}{n}} = \lim_{x \to 0} \frac{\left(\sqrt[n]{1+x} \right)^n - 1}{\dfrac{x}{n} \left[\sqrt[n]{(1+x)^{n-1}} + \sqrt[n]{(1+x)^{n-2}} + \cdots + 1 \right]}$$

$$= \lim_{x \to 0} \frac{n}{\sqrt[n]{(1+x)^{n-1}} + \sqrt[n]{(1+x)^{n-2}} + \cdots + 1} = 1,$$

所以 $\sqrt[n]{1+x} - 1 \sim \dfrac{x}{n} (x \to 0)$.

注意 这里又用到了

$$a - b = \frac{a^n - b^n}{a^{n-1} + a^{n-1}b + \cdots + b^{n-1}}.$$

5.4 常用的等价无穷小

$$(1+x)^\alpha - 1 \sim \alpha x \, (\alpha \neq 0),$$

$$\sin x \sim x, \arcsin x \sim x,$$

$$\tan x \sim x, \arctan x \sim x,$$

$$1 - \cos x \sim \frac{x^2}{2},$$

$$e^x - 1 \sim x, \ln(1+x) \sim x,$$

$$a^x - 1 \sim x \ln a, \log_a(1+x) \sim \frac{x}{\ln a} \, (a > 0 \text{ 且 } a \neq 1).$$

思考　求极限时,选择哪个无穷小替换别的无穷小可简化运算?

无穷小 $f(x)$ 一般用与其等价的 $x^n (n \geqslant 1$ 且 $n \in \mathbf{N})$ 替换.

无他,唯 x^n 最简单尔!

所以,$x^n (n \geqslant 1$ 且 $n \in \mathbf{N})$ 是无穷小中的"一般等价物".

5.5　用等价无穷小求极限

例 5.2　求 $\lim\limits_{x \to 0} \dfrac{\sin(2x)}{\tan(4x)}$ 的值.

解　当 $x \to 0$ 时,$\tan(4x) \sim 4x$,$\sin(2x) \sim 2x$,所以

$$\lim_{x \to 0} \frac{\sin(2x)}{\tan(4x)} = \lim_{x \to 0} \frac{2x}{4x} = \frac{1}{2}.$$

例 5.3　求 $\lim\limits_{x \to 0} \dfrac{\tan x}{x^2 + 2x}$ 的值.

解　当 $x \to 0$ 时,$\tan x \sim x$,所以

$$\lim_{x \to 0} \frac{\tan x}{x^2 + 2x} = \lim_{x \to 0} \frac{x}{x(x+2)} = \lim_{x \to 0} \frac{1}{x+2} = \frac{1}{2}.$$

例 5.4　求 $\lim\limits_{x \to 0} \dfrac{(1+x^2)^{\frac{1}{4}} - 1}{1 - \cos x}$ 的值.

解　当 $x \to 0$ 时,$(1+x^2)^{\frac{1}{4}} - 1 \sim \dfrac{1}{4}x^2$,$1 - \cos x \sim \dfrac{1}{2}x^2$, 所以

$$\lim_{x \to 0} \frac{(1+x^2)^{\frac{1}{4}} - 1}{1 - \cos x} = \lim_{x \to 0} \frac{\dfrac{1}{4}x^2}{\dfrac{1}{2}x^2} = \frac{1}{2}.$$

下面看一道比较复杂的例题.

例 5.5　求 $\lim\limits_{x \to 0} \dfrac{\sqrt{1+x^4} - \sqrt[3]{1-2x^4}}{x(1 - \cos x)\tan(\sin x)}$.

解　由等价无穷小有:

$$\lim_{x \to 0} \frac{\sqrt{1+x^4} - \sqrt[3]{1-2x^4}}{x(1-\cos x)\tan(\sin x)} = \lim_{x \to 0} \frac{(\sqrt{1+x^4}-1) - (\sqrt[3]{1-2x^4}-1)}{x(1-\cos x)\tan(\sin x)}$$

$$= \lim_{x \to 0} \frac{\dfrac{1}{2}x^4 + \dfrac{2}{3}x^4}{x \cdot \dfrac{x^2}{2} \cdot \sin x} = \frac{7}{3}.$$

轻松解决!

再看一道比较令人迷惑的例题.

例 5.6 求 $\lim\limits_{x \to 0} \dfrac{\tan x - \sin x}{x^3}$ 的值.

解 1 由等价无穷小有:

$$\lim_{x \to 0} \frac{\tan x - \sin x}{x^3} = \lim_{x \to 0} \frac{\tan x}{x} \cdot \frac{1-\cos x}{x^2} = \lim_{x \to 0} \frac{x}{x} \cdot \frac{\dfrac{1}{2}x^2}{x^2} = \frac{1}{2}.$$

解 2 由等价无穷小有:

$$\lim_{x \to 0} \frac{\tan x - \sin x}{x^3} = \lim_{x \to 0} \frac{x-x}{x^3} = 0.$$

两个解法答案不一致,由极限的唯一性知至少有一个是错的.

那么谁对谁错呢?

无穷小不是一个数,也不是 0,所以**如果用无穷小替换后得到的函数不再是无穷小,而是一个数 0,那么有可能出错了**.

怎么办?

好办!如果等价无穷小加减后出现 0,就考虑换别的方法,如例 5.6 的解 1,先提取公因式 $\tan x$,再进行计算;也可调用后续要学的泰勒(Taylor)公式进行计算.

6

导数 —— 是 0 或不是 0，这是个问题

"生存还是毁灭，这是个问题(To be or not to be,that's the question)"出自于莎士比亚的戏剧《哈姆雷特》，反映了主人公哈姆雷特对生存与死亡的困惑和挣扎.

数学中就不会存在类似的困惑，因为数学不会就是不会!

哦不!因为数学是精确的，每一件事情都讲得清清楚楚. 类似"一千个读者心中就有一千个哈姆雷特"的现象在数学中也不会出现.

当然，在数学的发展历程中，人们也曾面临类似的困惑. 如数学的三次大危机：无理数的发现、微积分概念的不严密和集合论中的悖论. 幸好，数学家们化危为机，反而因此建立了更加严密、完整的数学体系.

本章内容就涉及数学的第二次危机中的"微积分概念的不严密".

先看牛顿(Newton)如何求导数.

我们高中时学过自由落体运动，某个小球做自由落体运动 t 秒后，它下落的距离是

$$s(t) = \frac{1}{2}gt^2.$$

根据这个等式，如何计算小球在 t 秒时的运动速度呢?

从 t 秒到 $(t+h)$ 秒，小球的运动距离为

$$s(t+h) - s(t) = \frac{1}{2}g(t+h)^2 - \frac{1}{2}gt^2 = \frac{1}{2}g(2th + h^2).$$

在时间 $[t, t+h]$ 内小球的平均速度

$$\bar{v} = \frac{s(t+h) - s(t)}{h} = \frac{1}{2}g(2t+h). \qquad ①$$

令 $h = 0$，得小球在 t 秒的瞬时速度 $v(t) = gt$.

这个推理似乎很顺利，高中课本上也是这么介绍导数的. 但是，这里有个逻辑上的漏洞：

在推导平均速度的时候，要用 h 作分母，所以必须有 $h \neq 0$. 但为了得到 t 秒时

的瞬时速度,又必须让 $h = 0$. 那么,h 究竟要等于 0,还是不能等于 0?

所以 h 是 0 或不是 0,这是个问题.

从数学的角度看,就有一个很严肃的问题:该如何解释这个矛盾?

牛顿求导数过程中的矛盾,在于他把运动看成一个静止的量. 正如第 3 章内容所述,求极限是一个动态的过程,它的归宿是 0,即动态的过程描述的是一个极限为 0 的变量. 作为变量,在变化过程中并不为 0,只是与 0 无限接近. 正如《庄子·天下》中所说"一尺之棰,日取其半",取棰就是一个动态的过程,在这个过程中,棰长一直不是 0,只是最终的极限是 0. 将求导看成一个动态的过程,这样就把"是 0 又不是 0"的逻辑矛盾规避了.

综上分析可知,如果我们用极限的概念来定义导数,就不会出现矛盾了.

这个问题现在看起来轻描淡写,但数学家们花了 100 多年的时间才完全解决.

6.1　导数的定义

定义 6.1　设函数 $y = f(x)$ 在点 x_0 的某个邻域内有定义. $x_0, x_0 + \Delta x$ 是这邻域内的两个数,记 $\Delta y = f(x_0 + \Delta x) - f(x_0)$. 如果极限

$$\lim_{\Delta x \to 0} \frac{\Delta y}{\Delta x} = \lim_{\Delta x \to 0} \frac{f(x_0 + \Delta x) - f(x_0)}{\Delta x}$$

存在,则称函数 $f(x)$ 在点 x_0 处**可导**,并称此极限为函数 $y = f(x)$ 在点 x_0 处的**导数**,记作 $f'(x_0)$,或 $y' \big|_{x = x_0}$,$\dfrac{\mathrm{d}y}{\mathrm{d}x} \big|_{x = x_0}$,$\dfrac{\mathrm{d}f(x)}{\mathrm{d}x} \big|_{x = x_0}$.

若 $\lim\limits_{\Delta x \to 0} \dfrac{\Delta y}{\Delta x}$ 不存在,则称函数 $f(x)$ 在点 x_0 处**不可导**.

特别地,如果 $\lim\limits_{\Delta x \to 0} \dfrac{\Delta y}{\Delta x}$ 为无穷大,则称函数 $y = f(x)$ 在点 x_0 处的导数为无穷大.

若令 $x = x_0 + \Delta x$,则 $\Delta x = x - x_0$,且 $\Delta x \to 0$ 等价于 $x \to x_0$,于是可得函数 $f(x)$ 在点 x_0 处的导数的等价定义:

$$f'(x_0) = \lim_{x \to x_0} \frac{f(x) - f(x_0)}{x - x_0}.$$

又是用极限定义的!

再提一下,函数极限的定义强调去心邻域,完美规避了导数定义中 x 是否要等于 x_0 的烦恼.

既然用极限可以定义函数的导数,那么用单侧极限也可以定义函数的单侧导数.

定义 6.2 若单侧极限

$$\lim_{\Delta x \to 0^{\pm}} \frac{\Delta y}{\Delta x} = \lim_{\Delta x \to 0^{\pm}} \frac{f(x_0 + \Delta x) - f(x_0)}{\Delta x}$$

存在,则称该极限为函数 $f(x)$ 在点 x_0 处的 **右(或左)导数**,记作 $f'_{+}(x_0)$〔或 $f'_{-}(x_0)$〕,即

$$f'_{+}(x_0) = \lim_{h \to 0^{+}} \frac{f(x_0 + h) - f(x_0)}{h},$$

$$f'_{-}(x_0) = \lim_{h \to 0^{-}} \frac{f(x_0 + h) - f(x_0)}{h}.$$

右导数和左导数统称为 **单侧导数**.

利用极限与左、右极限的关系可得:

$f(x)$ 在点 x_0 处可导 $\Leftrightarrow f(x)$ 在点 x_0 处左、右导数都存在且相等.

如果函数 $y = f(x)$ 在开区间 I 内的每点处都可导,那么称函数 $f(x)$ 在开区间 I 内可导. 此时,对于 I 内的每一点 x,都有 $f(x)$ 的一个导数 $f'(x)$,因而 $f'(x)$ 构成了一个新的函数,称为 $y = f(x)$ 的 **导函数**,记作 y',$f'(x)$,$\dfrac{\mathrm{d}y}{\mathrm{d}x}$ 或 $\dfrac{\mathrm{d}f(x)}{\mathrm{d}x}$. 函数 $f(x)$ 在某一点 x_0 处的导数就是导函数在点 x_0 处的函数值,即

$$f'(x_0) = f'(x)\big|_{x = x_0}.$$

在不引起混淆的情况下,简称导函数为 **导数**.

导数是用极限定义的,因此求导数可归结为求极限. 由此可见求极限是微分学的核心问题,这也是我们要花大力气讲清楚极限的原因.

6.2 常数和基本初等函数的导数公式

$$(C)' = 0, (x^{\mu})' = \mu x^{\mu-1},$$

$$(\sin x)' = \cos x, (\cos x)' = -\sin x,$$

$$(\tan x)' = \sec^2 x, (\cot x)' = -\csc^2 x,$$

$$(\sec x)' = \sec x \cdot \tan x, (\csc x)' = -\csc x \cdot \cot x,$$

$$(\mathrm{e}^x)' = \mathrm{e}^x, (a^x)' = a^x \ln a \, (a > 0, a \neq 1),$$

$$(\ln x)' = \frac{1}{x}, (\log_a x)' = \frac{1}{x \ln a} \, (a > 0, a \neq 1),$$

$$(\arcsin x)' = \frac{1}{\sqrt{1 - x^2}}, (\arccos x)' = -\frac{1}{\sqrt{1 - x^2}},$$

$$(\arctan x)' = \frac{1}{1 + x^2}, (\operatorname{arccot} x)' = -\frac{1}{1 + x^2}.$$

6.3 扩大战果 —— 导数的运算法则

导数是用函数极限定义的,所以导数的运算法则与函数极限的运算法则是一致的.

定理6.1 设函数 $u = u(x)$ 及 $v = v(x)$ 都在点 x 处可导,则它们的和、差、积、商(分母为零的点除外)都在点 x 处可导,且有

(1) $[u(x) \pm v(x)]' = u'(x) \pm v'(x)$;

简记为
$$(u \pm v)' = u' \pm v'.$$

(2) $[u(x)v(x)]' = u'(x)v(x) + u(x)v'(x)$;

简记为
$$(uv)' = u'v + uv'.$$

(3) $\left[\dfrac{u(x)}{v(x)}\right]' = \dfrac{u'(x)v(x) - u(x)v'(x)}{v^2(x)} [v(x) \neq 0]$;

简记为
$$\left(\frac{u}{v}\right)' = \frac{u'v - uv'}{v^2}.$$

这些法则的证明与极限运算法则的证明类似.

6.4 复合函数的求导法则

定理6.2 (链式法则)设函数 $u = g(x)$ 在点 x 处可导,函数 $y = f(u)$ 在点 $u = g(x)$ 处可导,则复合函数 $y = f(g(x))$ 在点 x 处可导,且有

$$\frac{\mathrm{d}y}{\mathrm{d}x} = f'(u) \cdot g'(x) \text{ 或 } \frac{\mathrm{d}y}{\mathrm{d}x} = \frac{\mathrm{d}y}{\mathrm{d}u} \cdot \frac{\mathrm{d}u}{\mathrm{d}x}.$$

证明 因为函数 $u = g(x)$ 在点 x 处可导,所以
$$\lim_{\Delta x \to 0} [g(x + \Delta x) - g(x)] = 0,$$

$$\lim_{\Delta x \to 0} \frac{g(x+\Delta x)-g(x)}{\Delta x} = g'(x).$$

记 $\Delta g = g(x+\Delta x)-g(x)$，则

$$\frac{dy}{dx} = \lim_{\Delta x \to 0} \frac{f(g(x+\Delta x))-f(g(x))}{\Delta x}$$

$$= \lim_{\Delta x \to 0} \frac{f(g(x)+g(x+\Delta x)-g(x))-f(g(x))}{g(x+\Delta x)-g(x)} \cdot \frac{g(x+\Delta x)-g(x)}{\Delta x}$$

$$= \lim_{\Delta g \to 0} \frac{f(g(x)+\Delta g)-f(g(x))}{\Delta g} \cdot g'(x)$$

$$= f'(g(x)) \cdot g'(x)$$

$$= f'(u) \cdot g'(x).$$

复合函数的求导法则可以推广到由三个或者更多个函数复合而成的函数. 如设 $y=f(u)$，$u=\varphi(v)$，$v=\psi(x)$ 都可导，则

$$\frac{dy}{dx} = \frac{dy}{du} \cdot \frac{du}{dv} \cdot \frac{dv}{dx}.$$

求导的知识点还有很多，这里就不细说了.

6.5 可导与连续的关系

定理 6.3 设函数 $y=f(x)$ 在点 x 处可导，则 $f(x)$ 在点 x 处连续.

证明 由导数定义得

$$\lim_{\Delta x \to 0} \frac{\Delta y}{\Delta x} = f'(x),$$

根据极限与无穷小的关系，有

$$\frac{\Delta y}{\Delta x} = f'(x)+\alpha,$$

其中 $\lim_{\Delta x \to 0} \alpha = 0$.

上式两边同乘 Δx，得

$$\Delta y = f'(x)\Delta x + \alpha \Delta x,$$

所以 $\lim_{\Delta x \to 0} \Delta y = 0$. 这说明函数 $y=f(x)$ 在点 x 处是连续的.

把极限写成无穷小的形式，简化了证明过程.

定理 6.3 表明，可导函数一定是连续函数. 但是连续函数不一定是可导函数，简称：

可导一定连续，连续不一定可导.

数学家故事:魏尔施特拉斯(Weierstrass)的反例

在微积分的起步阶段,函数的类型有限,大多是初等函数或分段初等函数.于是数学家们猜测:连续函数在其定义区间中,不可能在每点处都不可导.

1872 年,魏尔施特拉斯构造了一个处处连续但处处不可导的函数,否定了上述猜测:

$$W(x) = \sum_{n=0}^{\infty} a^n \cos(b^n \pi x),$$

其中 $0 < a < 1$,b 为正整数,使得

$$ab > 1 + \frac{3}{2}\pi.$$

图 6-1 是 $a = \frac{4}{5}$,$b = 9$ 所得的函数

$$W(x) = \sum_{n=0}^{\infty} \left(\frac{4}{5}\right)^n \cos(9^n \pi x)$$

的图象.

魏尔施特拉斯的反例在数学界引起极大的震动,对于这类函数,传统的数学方法已无能为力.这使得数学家们开始思索新的方法研究这类函数,从而促成了一门新的学科 ——"分形几何".

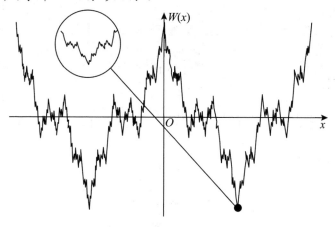

图 6-1

开心一刻

有位教授到学校访问,住在学校招待所里.要离开的时候,接待方问他对学校的印象如何.他说:"别的还好,就是招待所太差了,以后再也不敢住了!"接待方惊问:"招待所怎么了?"教授说:"那吃饭的碗,碗口处处不可导,像分形一样,哪是给人用的呀!"

6.6 高阶导数

函数的导函数还是函数,所以可以继续求导. 如自由落体运动在 t 秒时下落的距离为 $s(t) = \dfrac{1}{2}gt^2$,其导数为 t 秒时的速度 $v(t)$,即 $v(t) = s'(t)$. 继续对 $v(t)$ 求导得到加速度 $a(t)$,即 $a(t) = v'(t) = [s'(t)]'$,称为 $s(t)$ 对 t 的二阶导数,记作 $\dfrac{\mathrm{d}^2 s}{\mathrm{d}t^2}$ 或 $s''(t)$.

一般地,可定义高阶导数.

> **定义 6.3** 如果函数 $y = f(x)$ 的导数 $y' = f'(x)$ 仍然可导,则称其导数 $[f'(x)]'$ 为函数 $y = f(x)$ 的 **二阶导数**,记作
> $$y'', \quad f'', \quad \frac{\mathrm{d}^2 y}{\mathrm{d}x^2} \ \text{或} \ \frac{\mathrm{d}^2 f(x)}{\mathrm{d}x^2},$$
> 即
> $$y'' = (y')' \ \text{或} \ \frac{\mathrm{d}^2 y}{\mathrm{d}x^2} = \frac{\mathrm{d}}{\mathrm{d}x}\left(\frac{\mathrm{d}y}{\mathrm{d}x}\right).$$

由导数定义,有
$$f''(x) = \lim_{\Delta x \to 0} \frac{f'(x + \Delta x) - f'(x)}{\Delta x}.$$

类似地,二阶导数的导数叫做 **三阶导数**,记作 y''' 或 $\dfrac{\mathrm{d}^3 y}{\mathrm{d}x^3}$,三阶导数的导数叫做 **四阶导数**,记作 $y^{(4)}$ 或 $\dfrac{\mathrm{d}^4 y}{\mathrm{d}x^4}$,$\cdots$

一般地,把 $y = f(x)$ 的 $(n-1)$ 阶导数的导数称为 $y = f(x)$ 的 n **阶导数**,记作 $y^{(n)}$ 或 $\dfrac{\mathrm{d}^n y}{\mathrm{d}x^n}$,即

$$\frac{\mathrm{d}^n y}{\mathrm{d} x^n} = \frac{\mathrm{d}}{\mathrm{d} x}\left(\frac{\mathrm{d}^{n-1} y}{\mathrm{d} x^{n-1}}\right).$$

相应地，$y = f(x)$ 的导数 $f'(x)$ 称为 $y = f(x)$ 的一阶导数. 二阶及二阶以上的导数统称**高阶导数**. $f(x)$ 本身称为 $f(x)$ 的 0 阶导数.

6.7 扩大战果 —— 高阶导数的运算法则

定理 6.4　如果函数 $u = u(x)$ 及 $v = v(x)$ 都在点 x 处具有 n 阶导数，则

(1) $(u \pm v)^{(n)} = u^{(n)} \pm v^{(n)}$；

(2) $(Cu)^{(n)} = Cu^{(n)}$，其中 C 为常数；

(3) $(uv)^{(n)} = \displaystyle\sum_{k=0}^{n}\left[\mathrm{C}_n^k u^{(n-k)} v^{(k)} \right]$.

公式 (3) 称为莱布尼茨 (Leibniz) 公式，其中系数 $\mathrm{C}_n^k = \dfrac{n(n-1)\cdots(n-k+1)}{k!}$ 是组合数. 莱布尼茨公式可用数学归纳法证明，可用二项式定理辅助记忆.

按二项式定理展开 $(u+v)^n$ 得

$$(u+v)^n = u^n v^0 + n u^{n-1} v^1 + \frac{n(n-1)}{2!} u^{n-2} v^2 + \cdots + u^0 v^n,$$

即

$$(u+v)^n = \sum_{k=0}^{n}(\mathrm{C}_n^k u^{n-k} v^k),$$

然后把 k 次幂换成 k 阶导数（0 阶导数为函数本身），再把左边的 $u+v$ 换成 uv，这样就可得到莱布尼茨公式.

注意　$(u+v)^n = \displaystyle\sum_{k=0}^{n}(\mathrm{C}_n^k u^{n-k} v^k)$ 称为牛顿二项式定理，而

$$(uv)^{(n)} = \sum_{k=0}^{n}\left[\mathrm{C}_n^k u^{(n-k)} v^{(k)} \right]$$

称为莱布尼茨公式.

在这里牛顿与莱布尼茨就已经结缘了，后面还有他们更精彩的"相爱相杀"的故事哦！

例 6.1　求函数 $y = \mathrm{e}^x$ 的 n 阶导函数 $y^{(n)}$.

解　因为 $y' = \mathrm{e}^x$，所以

$$y^{(n)} = \mathrm{e}^x.$$

例 6.2 求函数 $y = \sin x$ 的 n 阶导函数 $y^{(n)}$.

解 因为

$$y' = \cos x, y'' = -\sin x, y''' = -\cos x, y^{(4)} = \sin x,$$

所以

$$y^{(n)} = \sin\left(x + \frac{n\pi}{2}\right).$$

类似地，可得 $y = \cos x$ 的 n 阶导函数为

$$y^{(n)} = \cos\left(x + \frac{n\pi}{2}\right).$$

例 6.3 求函数 $y = x\mathrm{e}^x$ 的 n 阶导函数 $y^{(n)}$.

解 1 因为

$$y' = \mathrm{e}^x + \mathrm{e}^x x = (x+1)\mathrm{e}^x,$$
$$y'' = \mathrm{e}^x + (x+1)\mathrm{e}^x = (x+2)\mathrm{e}^x,$$

猜出规律：

$$y^{(n)} = (x+n)\mathrm{e}^x,$$

用数学归纳法即可证明.

解 2 用莱布尼茨公式计算如下.

因为当 $n \geqslant 2$ 时，$x^{(n)} = 0$，而 $(\mathrm{e}^x)^{(n)} = \mathrm{e}^x$，

所以由莱布尼茨公式得

$$\begin{aligned}
y^{(n)} &= \sum_{k=0}^{n} \left[C_n^k x^{(n-k)} (\mathrm{e}^x)^{(k)} \right] \\
&= C_n^{n-1} x^{(n-n+1)} (\mathrm{e}^x)^{(n-1)} + C_n^n x^{(n-n)} (\mathrm{e}^x)^{(n)} \\
&= n\mathrm{e}^x + x\mathrm{e}^x \\
&= (x+n)\mathrm{e}^x.
\end{aligned}$$

所以

$$y^{(n)} = (x+n)\mathrm{e}^x.$$

7

微分 —— 以直代曲

其实，人们不光对"生存"与"毁灭"这样的大事有困惑和挣扎，对生活中的小事有时也会有类似的困惑，只是我们没在意罢了。

如某市场上 3 元可买 1 千克青菜，可我们花 3 元买到的真是 1 千克青菜吗？

在数学的语境下，这个问题的答案是显然的：当然买到的是 1 千克青菜。

然而，在实际生活中，由于秤有误差，买到的青菜一般不可能是精确的 1 千克。3 元买到的可能是 1.001 千克青菜，也有可能是 0.999 千克青菜。日常生活中我们不会去纠结这个问题，因为买青菜的时候 1 克的误差是可以接受的，对生活不会有什么影响。但显然，我们不能接受 0.5 千克的误差。

如果买 5 克黄金，是否可以接受 1 克的误差呢？一般情况下，大部分人都是无法接受的。

如果两个国家之间交易 10 吨黄金，是否可以接受有 1 克的误差呢？这个时候，大部分人又可以接受 1 克的误差了。

同样是 1 克的误差，人们的感受差别怎么就这么大呢？买青菜的时候没感觉，买黄金的时候很在乎，而对大额黄金交易又觉得可以容忍。

引入**绝对误差**和**相对误差**的概念可以较好地解释这个现象。

1 克黄金价值不菲，远超 1 克青菜的价值，相对 5 克黄金的价值来说也不算少，但相对 10 吨黄金的价值来讲，就微乎其微了。

所以，在考虑问题的时候，相对误差比绝对误差更影响我们的心理！

本章我们就从相对误差的角度介绍导数的"同胞兄弟"——微分。

7.1 微分的定义

> **定义 7.1** 设函数 $y = f(x)$ 在某区间内有定义，$x_0, x_0 + \Delta x$ 皆在此区间内. 如果增量
> $$\Delta y = f(x_0 + \Delta x) - f(x_0)$$
> 可表示为
> $$\Delta y = A\Delta x + o(\Delta x),$$
> 其中 A 是不依赖于 Δx 的常数，那么称函数 $y = f(x)$ 在点 x_0 处是**可微**的，而 $A\Delta x$ 称为函数 $y = f(x)$ 在点 x_0 处相应于自变量增量 Δx 的**微分**，记作 $\mathrm{d}y$，即
> $$\mathrm{d}y = A\Delta x.$$

注意 微分不是一个数，而是以 Δx 为自变量的一次函数！

微分与导数的关系非常密切. 实际上，可导和可微是两个等价的概念.

> **定理 7.1** 函数 $y = f(x)$ 在点 x_0 处可微的充分必要条件是 $y = f(x)$ 在点 x_0 处可导，且 $A = f'(x_0)$，即
> $$\mathrm{d}y = f'(x_0)\Delta x.$$

证明 必要性，即：函数 $y = f(x)$ 在点 x_0 处可微 $\Rightarrow y = f(x)$ 在点 x_0 处可导.
因为函数 $y = f(x)$ 在点 x_0 处可微，所以由微分定义有
$$\lim_{\Delta x \to 0} \frac{\Delta y}{\Delta x} = \lim_{\Delta x \to 0} \left[A + \frac{o(\Delta x)}{\Delta x} \right] = A.$$

由导数的定义知函数 $y = f(x)$ 在点 x_0 处可导，且 $A = f'(x_0)$.

充分性，即：$y = f(x)$ 在点 x_0 处可导 $\Rightarrow$ 函数 $y = f(x)$ 在点 x_0 处可微.
因为函数 $y = f(x)$ 在点 x_0 处可导，由导数定义得
$$\lim_{\Delta x \to 0} \frac{\Delta y}{\Delta x} = f'(x_0).$$

由函数极限与无穷小的关系得
$$\frac{\Delta y}{\Delta x} = f'(x_0) + \alpha,$$
其中 α 满足 $\lim\limits_{\Delta x \to 0} \alpha = 0$，从而
$$\Delta y = f'(x_0)\Delta x + \alpha\Delta x,$$
$$\alpha\Delta x = o(\Delta x).$$

因为 $f'(x_0)$ 不依赖于 Δx，所以由微分定义知 $f(x)$ 在点 x_0 处可微.

又用到了函数极限与无穷小的关系,又在绕定义!

因为 $y = x$ 也是关于 x 的函数,此时 $\mathrm{d}x = \Delta x$,所以可规定自变量的微分等于自变量的增量,则函数 $y = f(x)$ 在任一点 x 处的微分经常写成

$$\mathrm{d}y = f'(x)\mathrm{d}x.$$

两边除以 $\mathrm{d}x$,得到

$$\frac{\mathrm{d}y}{\mathrm{d}x} = f'(x).$$

这意味着函数的导数等于函数的微分与自变量的微分之商. 所以导数也叫"**微商**".

若函数 $y = f(x)$ 在点 x_0 处可微,则

$$\Delta y = f(x_0 + \Delta x) - f(x_0), \mathrm{d}y = f'(x_0)\Delta x.$$

当 $f'(x_0) \neq 0$ 时,有

$$\lim_{\Delta x \to 0} \frac{\Delta y}{\mathrm{d}y} = \lim_{\Delta x \to 0} \frac{\Delta y}{f'(x_0)\Delta x} = \frac{1}{f'(x_0)} \lim_{\Delta x \to 0} \frac{\Delta y}{\Delta x} = 1.$$

从而 $\Delta x \to 0$ 时,Δy 与 $\mathrm{d}y$ 是等价无穷小. 故当 $|\Delta x|$ 很小时,有近似等式

$$\Delta y \approx \mathrm{d}y.$$

逼近误差 $\Delta y - \mathrm{d}y$ 是 Δx 的高阶无穷小,即相对误差趋向于无穷小!所以这个误差是可控的,这一点充分体现在后面定积分的定义之中.

7.2　微分的几何意义

微分的几何意义如图 7-1 所示.

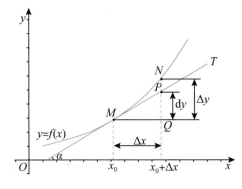

图 7-1

当自变量由 x_0 增加到 $x_0 + \Delta x$ 时,函数值的增量 $\Delta y = NQ$,而微分是在点 $M(x_0, y_0)$ 处的切线上与 Δx 所对应的增量 $\mathrm{d}y = PQ$. 实际上,设过点 M 所作曲线的切线 MT 的倾角为 α,则

$$PQ = MQ \cdot \tan \alpha = \Delta x \cdot f'(x_0).$$

由此可知,对于可微函数 $y = f(x)$,当 Δy 是曲线 $y = f(x)$ 上点 $(x, f(x))$ 的纵坐标的增量时,$\mathrm{d}y$ 就是曲线的切线上点的纵坐标的相应增量. 由微分定义,可知

$$\lim_{\Delta x \to 0} \frac{|\Delta y - \mathrm{d}y|}{\Delta x} = \lim_{\Delta x \to 0} \frac{o(\Delta x)}{\Delta x} = 0,$$

所以当 $|\Delta x|$ 很小时,$|\Delta y - \mathrm{d}y|$ 比 $|\Delta x|$ 小得多.

因此在点 M 的邻近区域,可用切线段近似代替曲线段. 这就是所谓的"**以直代曲**".

在微小局部用线性函数近似代替非线性函数,或者在几何上用切线段近似代替曲线段,是微分学的基本思想方法之一,在数学上通常称这类操作为非线性函数的局部线性化. 在自然科学和工程问题的研究中经常采用这种思想方法.

拉格朗日中值定理——只在此山中,云深不知处

寻隐者不遇

贾 岛

松下问童子,言师采药去.

只在此山中,云深不知处.

贾岛是以"推敲"闻名的苦吟诗人. 实际上,研究数学也非常需要这种"推敲"精神. 微积分基础的建立就是一个很好的例子.

《寻隐者不遇》意味娴雅,脍炙人口,隐者深居简出、行踪不定的形象跃然纸上. 读之不仅能体会到童子婉转的辞谢,让来访者不要作徒劳的寻觅,还能共鸣于来访者若有所失的惆怅.

然而,如果贾岛是数学家的话,他可能已经高兴得蹦跳着回家了. 因为数学家与常人不一样,他们醉心于解的存在性,而对解究竟是什么却不那么关心.

也就是说,如果来访者是数学家,那么只要知道隐者"只在此山中",就已经很高兴了.

开心一刻

工程师、化学家和数学家住在一家老客栈的三个相邻的房间里.

当晚先是工程师的咖啡机着了火,他嗅到烟味醒来,拔出咖啡机的电插头,将之扔出窗外,然后接着睡觉.

过了一会儿化学家也嗅到烟味醒来,他发现原来是烟头燃着了垃圾桶. 他自言自语道:"怎样灭火呢?应该把燃料温度降低到燃点以下,把燃烧物与氧气隔离. 浇水可以同时做到这两点. "于是他把垃圾桶拖进浴室,打开水龙头浇灭了火,就回去接着睡觉了.

数学家在窗外看到了这一切.过了一会儿,他发现他的烟灰燃着了床单,可他一点儿也不担心,只是说了一句:"嗨,解是存在的!"就接着睡觉了.

57

不是数学家心大,而是存在性命题在数学中举足轻重.

一方面,仅仅知道存在性就已经提供了有效信息,所以证明存在性非常重要. 千禧年七大数学问题之一就是证明纳维·斯托克斯(Navier-Stokes)方程经典解的存在性.

另一方面,证明存在性是数学研究的第一步.

数学家并不像上面那个笑话中说的那样,证明存在性之后就万事不管了. 其实数学家也想写出具体表达式,只不过太困难了,或者表达式根本不存在.

"你以为臣妾不想吗,可是臣妾做不到啊!"

如高斯(Gauss)在其博士论文中指出:在复数域内,一元 n 次多项式方程存在 n 个根. 但是他并未给出求根公式. 后来,伽罗华(Galois)证明了五次及五次以上代数方程不存在求根公式.

言归正传. 本章所讲的拉格朗日(Lagrange)中值定理就是一个关于存在性的定理. 不过,这是一个始于费马(Fermat)引理的漫长故事.

8.1　费马引理

1. 费马引理的含义

在高中的时候我们就学过:若函数 $y = f(x)$ 在点 x_0 处的函数值 $f(x_0)$ 比它在 x_0 附近其他点处的函数值都要大(或都要小),那么 $f'(x_0) = 0$.

这个事实是由法国数学家费马提出的,现在称为费马引理.

> **费马引理**　设函数 $f(x)$ 在点 x_0 的某邻域 $U(x_0)$ 内有定义,且在 x_0 处可导,如果对于任意的 $x \in U(x_0)$,有
> $$f(x) \leqslant f(x_0)\ [\text{或}\ f(x) \geqslant f(x_0)],$$
> 那么 $f'(x_0) = 0$.

证明　以 $f(x) \leqslant f(x_0)$ 为例证明.

对 $x = x_0 + \Delta x \in U(x_0)$,有
$$f(x) = f(x_0 + \Delta x) \leqslant f(x_0),$$

所以当 $\Delta x > 0$ 时,有
$$\frac{f(x_0 + \Delta x) - f(x_0)}{\Delta x} \leqslant 0.$$

同理,当 $\Delta x < 0$ 时,有

$$\frac{f(x_0 + \Delta x) - f(x_0)}{\Delta x} \geq 0.$$

由 $f(x)$ 在 x_0 点处可导及函数极限的保号性得

$$f'(x_0) = f'_+(x_0) = \lim_{\Delta x \to 0^+} \frac{f(x_0 + \Delta x) - f(x_0)}{\Delta x} \leq 0,$$

$$f'(x_0) = f'_-(x_0) = \lim_{\Delta x \to 0^-} \frac{f(x_0 + \Delta x) - f(x_0)}{\Delta x} \geq 0,$$

所以 $f'(x_0) = 0$.

2. 费马引理的几何意义

如果把 $y = f(x)$ 的图象看作爬山路线,那么 $f(x) \leq f(x_0)$ 意味着 x_0 左侧是"上坡路",右侧是"下坡路"(图 8-1),所以 x_0 处是"山顶",其切线与 x 轴平行.

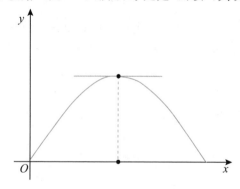

图 8-1

在讲罗尔(Rolle)中值定理之前,大家先考虑下面的说法是否正确.

某年某月的某一天,从上午 7 点到上午 8 点,你从家走到学校,平均速度为 v,那么在上午 7 点到上午 8 点之间存在某一个时刻 t,你的速度等于 v.

8.2 罗尔中值定理

1. 罗尔中值定理的含义

罗尔中值定理　如果函数 $f(x)$ 满足：

(1) 在闭区间 $[a,b]$ 上连续；

(2) 在开区间 (a,b) 内可导；

(3) 在区间端点处的函数值相等，即 $f(a)=f(b)$，

那么在 (a,b) 内至少有一点 $\xi(a<\xi<b)$，使得 $f'(\xi)=0$.

证明　由于 $f(x)$ 在闭区间 $[a,b]$ 上连续，根据闭区间上连续函数的最大值最小值定理，可知 $f(x)$ 在闭区间 $[a,b]$ 上必定能取得最大值 M 和最小值 m.

不妨设存在 $\xi_1 \in [a,b], \xi_2 \in [a,b]$，使得 $f(\xi_1)=M, f(\xi_2)=m$.

若 ξ_1, ξ_2 都是端点，则 $f(a)=f(b)=M=m$，所以 $f(x)$ 在区间 $[a,b]$ 上是常数 M，即 $f(x)=M$，从而 $\forall x \in (a,b)$，有 $f'(x)=0$. 因此，任取 $\xi \in (a,b)$，有 $f'(\xi)=0$.

若 ξ_1, ξ_2 中至少有一个不是端点，不妨设 $\xi_1 \in (a,b)$，取 $\xi=\xi_1$，由费马引理知 $f'(\xi)=0$.

2. 罗尔中值定理的几何意义

如果在 $y=f(x)$ 的图象上 A,B 两点的纵坐标相等，且 A,B 两点之间的曲线上除端点外每点的切线均不垂直于 x 轴，则该曲线上的最高点或最低点处有水平切线(图 8-2).

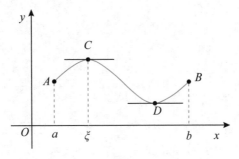

图 8-2

> **思考** 罗尔中值定理中的"中值"是什么意思?

中值定理的英文名为 Mean Value Theorem,由此可知罗尔中值定理应该是罗尔平均值定理. 但是,Mean 又有中数、中间点的意思,所以 Mean Value 被翻译为中值.

罗尔平均值定理的"平均值"又是什么意思呢?

从直观上讲,如果大家认可"在一段时间的运动过程中必有一个时刻的速度等于平均速度"的说法,那么罗尔平均值定理的可以解释为:

如果 $f(x)$ 是质点的位置函数,那么因为 $f(a) = f(b)$,所以它在区间 $[a,b]$ 的有向速度的平均值是 0. 因此存在一点 $\xi(a < \xi < b)$,该点处的速度 $f'(\xi)$ 等于平均速度 0.

这也是命名"罗尔平均值定理"的原因.

如果读者不能从直观上理解本小节上述命题的正确性,那么罗尔中值定理的证明过程严格证明了它.

数学家故事:罗尔(1652—1719)

罗尔在数学上的成就主要在代数方面. 当时,微积分刚诞生不久,还很不完善,所以遭受多方面的非议. 罗尔就是其中一位非议者,而且是最直言不讳的那种. 他曾说:微积分是巧妙谬论的合集.

不过,在 1706 年的秋天,罗尔充分认识到了无穷小分析这一新方法的价值.

有意思的是,早在 1691 年,也就是罗尔还在批判微积分的时候,他就在论文《任意次方程的一个解法》中指出:在多项式方程的两个相邻实根之间,其导函数方程至少有一个根. 1846 年,尤斯托(Giusto Bellavitis)将这一定理推广到可微函数,并以罗尔的名字命名.

也就是说,罗尔一边批判微积分,一边在推动微积分理论的发展!

虽说历史不能假设,但如果罗尔能早日接受微积分,说不定会有更大的贡献!

在实际问题中,$f(x)$ 很难满足罗尔中值定理中的条件 $f(a) = f(b)$. 如果把条件 $f(a) = f(b)$ 取消,能否得到其他有意义的结论呢?

8.3　拉格朗日中值定理

1. 拉格朗日中值定理的含义

> **拉格朗日中值定理**　如果函数 $f(x)$ 满足：
> (1) 在闭区间 $[a,b]$ 内连续；
> (2) 在开区间 (a,b) 内可导；
> 那么在 (a,b) 内至少存在一点 $\xi(a < \xi < b)$，使等式
> $$f(b) - f(a) = f'(\xi)(b-a)$$
> 成立.

当 $f(a) = f(b)$ 时，拉格朗日中值定理退化为罗尔中值定理.

证明　设 $\varphi(x) = f(x) - f(a) - \dfrac{f(b) - f(a)}{b - a}x$.

因为函数 $\varphi(x)$ 在闭区间 $[a,b]$ 内连续，在开区间 (a,b) 内可导，且 $\varphi(a) = \varphi(b)$. 由罗尔中值定理可知，至少存在一点 $\xi \in (a,b)$，使得

$$\varphi'(\xi) = f'(\xi) - \frac{f(b) - f(a)}{b - a} = 0,$$

也就是

$$f(b) - f(a) = f'(\xi)(b-a).$$

拉格朗日中值定理也称为**微分中值定理**.

若令 $a = x_0, b = x_0 + \Delta x$，则拉格朗日中值定理可写为
$$f(x_0 + \Delta x) = f(x_0) + f'(x_0 + \theta \Delta x)\Delta x, 0 < \theta < 1.$$

2. 拉格朗日中值定理的几何意义

如果连续曲线 $y = f(x)$ 的某一段 AB 上除端点外处处具有不垂直于 x 轴的切线，那么这段曲线上至少有一点 C，使曲线在点 C 处的切线平行于直线 AB(图 8-3).

另外，结合图 8-2 和 8-3，从几何直观上看，可以将拉格朗日中值定理中 $y = f(x)$ 的图象看成罗尔中值定理中 $y = f(x)$ 的图象绕原点旋转后的图象.

拉格朗日中值定理也是平均值定理.

如果 $f(x)$ 是质点的位置函数，因为在区间 $[a,b]$ 内的平均速度是
$$\frac{f(b) - f(a)}{b - a},$$

所以存在一点 $\xi(a < \xi < b)$,该点处的速度 $f'(\xi)$ 等于平均速度 $\dfrac{f(b)-f(a)}{b-a}$,即

$$f'(\xi) = \frac{f(b)-f(a)}{b-a},$$

所以

$$f(b) - f(a) = f'(\xi)(b-a).$$

拉格朗日中值定理为什么重要?

因为它揭示了函数值与导数值之间的联系,反映了可导函数在闭区间上整体的平均变化率与区间内某点的局部变化率的关系.

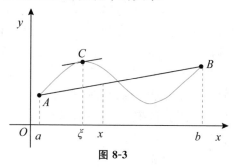

图 8-3

8.4 柯西中值定理

柯西中值定理　　如果函数 $f(x)$ 及 $F(x)$ 满足:

(1) 在闭区间 $[a,b]$ 内连续;

(2) 在开区间 (a,b) 内可导;

(3) 对任一 $x \in (a,b)$,$F'(x) \neq 0$,

那么在 (a,b) 内至少有一点 $\xi(a < \xi < b)$,使等式

$$\frac{f(b)-f(a)}{F(b)-F(a)} = \frac{f'(\xi)}{F'(\xi)}$$

成立.

当 $F(x) = x$ 时,柯西中值定理退化为拉格朗日中值定理.

证明　　因为对于任一 $x \in (a,b)$,$F'(x) \neq 0$,所以由拉格朗日中值定理,可知存在 $\eta \in (a,b)$,使得

$$F(b) - F(a) = F'(\eta)(b-a) \neq 0,$$

所以 $F(b) \neq F(a)$.

作辅助函数

$$\varphi(x) = f(x) - \frac{f(b) - f(a)}{F(b) - F(a)}[F(x) - F(a)].$$

显然，$\varphi(x)$ 在闭区间 $[a,b]$ 内连续，在开区间 (a,b) 内可导，且

$$\varphi(a) = \varphi(b) = f(a),$$

故 $\varphi(x)$ 适合罗尔中值定理的条件，因此至少存在一点 $\xi \in (a,b)$，使得

$$\varphi'(\xi) = f'(\xi) - \frac{f(b) - f(a)}{F(b) - F(a)}F'(\xi) = 0.$$

由此得

$$\frac{f(b) - f(a)}{F(b) - F(a)} = \frac{f'(\xi)}{F'(\xi)}.$$

证明拉格朗日中值定理、柯西中值定理时，我们先构造辅助函数，然后把证明拉格朗日中值定理、柯西中值定理的问题转化为证明辅助函数满足罗尔中值定理条件的问题. 罗尔中值定理又是通过创造条件，转化为费马引理来证明的. 这种把待解决问题转化为已解决问题的思想称为**化归思想**.

所谓"化归"，就是把未知的、待解决的问题，转化为已知的、已解决的问题，从而使未知的、待解决的问题得解的过程.

还是来个小故事帮助大家理解化归思想吧.

开心一刻

数学家波利亚(George Polya)用一个"烧水"的浅显例子，生动地解释了数学中的"化归"思想.

问题1：有一个煤气灶，一个水龙头，一个空水壶，要烧一壶开水，应该怎么做？

如果你回答：把空水壶放到水龙头下，打开水龙头，灌满一壶水，再把水壶放到煤气灶上，点燃煤气灶，把一满壶水烧开.

恭喜你，回答正确！这个问题解决得很好.

问题2：有一个煤气灶，一个水龙头，一个已装了半壶水的水壶，要烧一满壶开水，应该怎么做？

也许你会信心满满地回答：把装了半壶水的壶放到水龙头下，打开水龙头，灌成一满壶水，再把水壶放到煤气灶上，点燃煤气灶，把一满壶水烧开.

然而波利亚说，这是物理学家的答案.

数学家的答案是：把装了半壶水的水壶倒空，问题2就化归为刚才已解决的问题1了.

数学家的重要特点之一，就是他们特别善于使用化归思想解决问题.

9

洛必达法则 —— 数学也荒诞

人会死三次.

第一次,心脏停止跳动,生物意义之死.

第二次,葬礼上,社会意义之死.

第三次,最后一个记得你的人死后,那就真死了.

—— 洛必达(L'Hopital)

洛必达是法国中世纪的王公贵族. 他酷爱数学,早年就显露出数学才能,15 岁时解出帕斯卡(Pascal)的摆线难题,后来又解出约翰·伯努利(Johann Bernoulli)向欧洲挑战的"最速降曲线问题". 他曾拜约翰·伯努利为师研究数学. 但是洛必达在投身痴迷的数学领域之后并没有太大建树,尤其是与老师约翰·伯努利相比.

但是洛必达没有轻言放弃,他希望自己像历史上的大数学家一样青史留名. 于是他给老师约翰·伯努利修书一封:"我们互相有对方想要的东西,不如,我在财力上帮助你,你在才智上帮助我 ……"

约翰·伯努利收信之后感到非常吃惊,一开始他是拒绝的. 但是约翰·伯努利恰好生活困顿,洛必达给的钱又很可观 …… 于是他接受了这个提议,定期把研究成果寄给洛必达.

洛必达认真学习、钻研、整理这些成果之后,出版了《阐明曲线的无穷小与分析》—— 世界上第一本系统的微积分教科书,也是洛必达最重要、最著名的著作.

此书甫一出版便轰动了数学界. 洛必达凭借这本书,确切地说,凭借书中的洛必达法则,一炮而红,甚至还被推举进法国科学院.

洛必达死后,约翰·伯努利拿出他与洛必达的书信,以此证明洛必达法则是他的成果. 但是欧洲数学界认为这场交易是正常的物物交换,因此否认了约翰·伯努利的说法.

也许,我们得送伯努利一句话:穷且益坚,不坠青云之志!

这就是数学史上洛必达与伯努利的荒诞故事. 洛必达付出重金购买伯努利的知识产权,收获了不朽之名;伯努利收获了金钱,还有后悔.

如今,学习微积分的莘莘学子中流传着一句话:"遇事不决,洛必达",以此说明它真的好用.

好了,气氛渲染得差不多了,也该让洛必达法则露出真面目了.

对于一些简单的极限题,观察法即可解决. 如 $\lim\limits_{n\to\infty}\dfrac{7}{2n+1}$,只需观察到分母趋向于无穷大,分子为常数 7,便可知极限是 0.

相对而言,对于**未定式**,即"$\dfrac{0}{0}$"和"$\dfrac{\infty}{\infty}$"型(分子和分母都趋于 0 或无穷大)的问题,处理起来难度要大一点. 虽然通过变形可解决一些未定式,如

$$\lim_{n\to\infty}\frac{2n}{3n+1}=\lim_{n\to\infty}\frac{2}{3+\dfrac{1}{n}}=\frac{2}{3},$$

$$\lim_{n\to\infty}\frac{2n}{n^2+1}=\lim_{n\to\infty}\frac{\dfrac{2}{n}}{1+\dfrac{1}{n^2}}=0.$$

但总体来说,未定式不那么好处理. 如之前讲过的重要极限

$$\lim_{x\to0}\frac{\sin x}{x},$$

光看表达式是很难得到答案的.

思考 考试中会出现哪些类型的极限题?

考试中通常会考有一定难度的未定式,这个时候,洛必达法则就很重要了,它把未定式的极限问题转化成其导数的极限问题.

9.1　洛必达法则

定理 9.1　（洛必达法则）设

(1) 当 $x \to a$ 时,函数 $f(x)$ 及 $F(x)$ 都趋于 0(或无穷大);

(2) 在点 a 的某去心邻域内,$f'(x)$ 及 $F'(x)$ 都存在,且 $F'(x) \neq 0$;

(3) $\lim\limits_{x \to a} \dfrac{f'(x)}{F'(x)}$ 存在(或为无穷大),

那么

$$\lim_{x \to a} \frac{f(x)}{F(x)} = \lim_{x \to a} \frac{f'(x)}{F'(x)}.$$

这就是说,

当 $\lim\limits_{x \to a} \dfrac{f'(x)}{F'(x)}$ 存在时,$\lim\limits_{x \to a} \dfrac{f(x)}{F(x)}$ 也存在,且等于 $\lim\limits_{x \to a} \dfrac{f'(x)}{F'(x)}$;

当 $\lim\limits_{x \to a} \dfrac{f'(x)}{F'(x)}$ 为无穷大时,$\lim\limits_{x \to a} \dfrac{f(x)}{F(x)}$ 也是无穷大.

下面仅对 $x \to a$ 时"$\dfrac{0}{0}$"型未定式的极限给出其证明.

证明　由于求 $x \to a$ 时 $\dfrac{f(x)}{F(x)}$ 的极限与 $f(a)$ 及 $F(a)$ 无关,所以不妨设 $f(a) = F(a) = 0$.

由条件(1)(2)可知,$f(x)$ 及 $F(x)$ 在点 a 的某一邻域内连续. 设 x 是此邻域内的一点,那么在以 x 及 a 为端点的区间上,柯西中值定理的条件都满足,故有

$$\frac{f(x)}{F(x)} = \frac{f(x) - f(a)}{F(x) - F(a)} = \frac{f'(\xi)}{F'(\xi)} (\xi 在 x 与 a 之间).$$

令 $x \to a$,注意到 $x \to a$ 时 $\xi \to a$,对上式两端求极限,根据条件(3)便可得要证明的结论.

如果 $x \to a$ 时 $\dfrac{f'(x)}{F'(x)}$ 仍属"$\dfrac{0}{0}$"或"$\dfrac{\infty}{\infty}$"型,且 $f'(x), F'(x)$ 能满足定理 9.1 中的条件,则可继续使用洛必达法则求 $\lim\limits_{x \to a} \dfrac{f'(x)}{F'(x)}$,从而确定 $\lim\limits_{x \to a} \dfrac{f(x)}{F(x)}$,即

$$\lim_{x \to a} \frac{f(x)}{F(x)} = \lim_{x \to a} \frac{f'(x)}{F'(x)} = \lim_{x \to a} \frac{f''(x)}{F''(x)}.$$

当 $x \to \infty$ 时,也有同样的法则.

定理 9.2 设

(1) 当 $x \to \infty$ 时,函数 $f(x)$ 及 $F(x)$ 都趋于 0(或无穷大);

(2) 当 $|x| > N$ 时,$f'(x)$ 及 $F'(x)$ 都存在,且 $F'(x) \neq 0$;

(3) $\lim\limits_{x \to \infty} \dfrac{f'(x)}{F'(x)}$ 存在(或为无穷大),

那么

$$\lim_{x \to \infty} \frac{f(x)}{F(x)} = \lim_{x \to \infty} \frac{f'(x)}{F'(x)}.$$

我们来分析几个例题,检验洛必达法则的威力.

例 9.1 求 $\lim\limits_{x \to 0} \dfrac{\sin x}{x}$ 的值.

解 这是我们之前讲过的重要极限. 经检验符合洛必达法则的条件,则由洛必达法则得

$$\lim_{x \to 0} \frac{\sin x}{x} = \lim_{x \to 0} \frac{(\sin x)'}{x'} = \lim_{x \to 0} \cos x = 1.$$

完美解决!

例 9.2 求 $\lim\limits_{x \to 0} \dfrac{\mathrm{e}^x - x - 1}{x^2}$ 的值.

解 这是"$\dfrac{0}{0}$"型未定式,经检验符合洛必达法则的条件,则由洛必达法则可得

$$\lim_{x \to 0} \frac{\mathrm{e}^x - x - 1}{x^2} = \lim_{x \to 0} \frac{\mathrm{e}^x - 1}{2x} \left(\text{仍然是"} \frac{0}{0} \text{"型未定式,继续用洛必达法则}\right)$$

$$= \lim_{x \to 0} \frac{\mathrm{e}^x}{2}$$

$$= \frac{1}{2}.$$

确实很好用!

应用洛必达法则是求未定式极限的一种有效方法. 但是,如果和其他求极限的方法结合使用,如能化简时尽可能先化简,能用等价无穷小替代时尽可能先用,则会使运算更简捷.

"$0 \cdot \infty$""$\infty - \infty$""0^0""1^∞""∞^0"型的未定式,也可化成"$\dfrac{0}{0}$"或"$\dfrac{\infty}{\infty}$"型的未定式,再应用洛必达法则求极限.

举例说明.

例 **9.3** 求 $\lim\limits_{x \to \frac{\pi}{2}}(\sec x - \tan x)$.

解 这是"$\infty - \infty$"型未定式,可变形成"$\dfrac{0}{0}$"型.

$$\lim_{x \to \frac{\pi}{2}}(\sec x - \tan x) = \lim_{x \to \frac{\pi}{2}}\frac{1 - \sin x}{\cos x} = \lim_{x \to \frac{\pi}{2}}\frac{-\cos x}{-\sin x} = 0.$$

可见,洛必达法则大大简化了求极限过程中的运算,所以深受广大学生的喜爱.

例 **9.4** 求 $\lim\limits_{x \to 0}\left(\cot x - \dfrac{1}{x}\right)$.

解 这是"$\infty - \infty$"型未定式,变形后用洛必达法则处理.

$$
\begin{aligned}
\lim_{x \to 0}\left(\cot x - \frac{1}{x}\right) &= \lim_{x \to 0}\left(\frac{\cos x}{\sin x} - \frac{1}{x}\right) \\
&= \lim_{x \to 0}\left(\frac{x\cos x - \sin x}{x\sin x}\right)\left("\frac{0}{0}"\text{型未定式,用洛必达法则}\right) \\
&= \lim_{x \to 0}\left(\frac{\cos x - x\sin x - \cos x}{\sin x + x\cos x}\right)\left("\frac{0}{0}"\text{型未定式,继续用洛必达法则}\right) \\
&= \lim_{x \to 0}\left(\frac{-x\cos x - \sin x}{2\cos x - x\sin x}\right) \\
&= 0.
\end{aligned}
$$

9.2 应用洛必达法则要注意的问题

大部分情况下,洛必达法则很好用. 但洛必达法则也不是万能的. 下面列举两类应用洛必达法则需注意的问题,以免误用或应用后不能奏效.

（1）原极限须为未定式

如易知

$$\lim_{x \to 0}\frac{\ln(1 + x)}{2 + 3x} = 0.$$

若用洛必达法则,分子分母求导后得错误答案 $\dfrac{1}{2}$. 错因是原极限不是未定式.

类似地,还有其他一些未仔细检查所求极限是否满足洛必达法则的条件而导致误用的情况.

特别指出,由于题海战术的误导,很多同学学习数学知识时,往往只关注公式部分,而忽略公式成立的条件. 这个问题希望大家引起重视.

(2) 极限很好求,但用洛必达法则反而不能求.

例 9.5 求 $\lim\limits_{x \to \infty} \dfrac{x + \sin x}{x}$ 的值.

解 这是 "$\dfrac{\infty}{\infty}$" 型未定式,若用洛必达法则,则

$$\lim_{x \to \infty} \frac{x + \sin x}{x} = \lim_{x \to \infty} (1 + \cos x).$$

由于极限 $\lim\limits_{x \to \infty} (1 + \cos x)$ 不存在,故不能使用洛必达法则,但易知

$$\lim_{x \to \infty} \frac{x + \sin x}{x} = \lim_{x \to \infty} \left(1 + \frac{\sin x}{x}\right) = 1.$$

最后真诚提醒大家:洛必达法则虽好,但不要滥用哦!

从微分到泰勒级数 —— 欲穷千里目,更上一层楼

登鹳雀楼

王之涣

白日依山尽,黄河入海流.

欲穷千里目,更上一层楼.

此诗是唐代诗人王之涣仅存的六首绝句之一.“欲穷千里目,更上一层楼”虽只是平铺直叙地写出了登楼的过程,但却借诗喻理,含意深远,耐人寻味,既表现了诗人向上进取的精神、高瞻远瞩的胸襟,也暗含了“只有站得高,才能看得远”的哲理.

在第 7 章中我们讲过,在函数图象上某点附近,可用该点处的切线逼近函数.也就是说,切线的变化趋势预示着函数的变化趋势.

在逼近函数的直线中,切线是最好的,因为误差想要多小就有多小!

如果我们想更好地逼近原函数,仅用切线是不够的.就像我们之前提到的 1 克黄金的误差,有时是可以容忍的,有时却是不能容忍的.

那怎么办呢?

答案就在“欲穷千里目,更上一层楼”!要有更好的逼近手段才行!

这个更好的手段就是泰勒级数.

10.1   推导泰勒级数

先复习导数的定义.

函数 $f(x)$ 在点 x_0 处导数定义为

$$f'(x_0) = \lim_{x \to x_0} \frac{f(x) - f(x_0)}{x - x_0}.$$

由无穷小的定义,这个式子可改写为

$$f(x) = f(x_0) + f'(x_0)(x - x_0) + o(x - x_0).$$

因为 $o(x - x_0)$ 是 $x - x_0$ 的高阶无穷小,$f'(x_0)(x - x_0)$ 是误差 $f(x) - f(x_0)$ 的主要部分,所以用 $f(x_0) + f'(x_0)(x - x_0)$ 能很好地逼近 $f(x)$.

要想更好地逼近 $f(x)$,只能对 $o(x - x_0)$ 做文章了,看看能否再提取它里面的主要部分.

思考 $o(x - x_0)$ 是 $x - x_0$ 的高阶无穷小,它的主要部分应该是什么呢?

解析 结合高阶导数的概念,$o(x - x_0)$ 的主要部分应该是 $(x - x_0)^2$.

考虑

$$\lim_{x \to x_0} \frac{o(x - x_0)}{(x - x_0)^2} = \lim_{x \to x_0} \frac{f(x) - f(x_0) - f'(x_0)(x - x_0)}{(x - x_0)^2}.$$

这是一个 "$\dfrac{0}{0}$" 型的极限,可用洛必达法则求解.

连用两次洛必达法可得

$$\lim_{x \to x_0} \frac{f(x) - f(x_0) - f'(x_0)(x - x_0)}{(x - x_0)^2}$$

$$= \lim_{x \to x_0} \left[\frac{1}{2} \cdot \frac{f'(x) - f'(x_0)}{x - x_0} \right]$$

$$= \frac{1}{2} f''(x_0),$$

所以

$$f(x) = f(x_0) + f'(x_0)(x - x_0) + \frac{1}{2} f''(x_0)(x - x_0)^2 + o[(x - x_0)^2].$$

这就是二阶泰勒公式了,前提是 $f(x)$ 二阶可导.

二阶泰勒公式的逼近效果已经比之前好(图 10-1). 但是,欲穷千里目,更上一层楼,逼近效果还能更好吗?不妨试试.

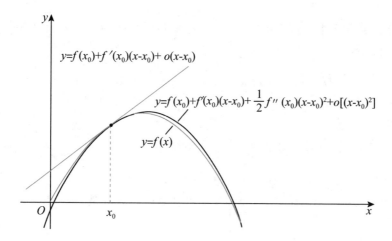

$$y=f(x_0)+f'(x_0)(x-x_0)+o(x-x_0)$$

$$y=f(x_0)+f'(x_0)(x-x_0)+\frac{1}{2}f''(x_0)(x-x_0)^2+o[(x-x_0)^2]$$

$$y=f(x)$$

图 10-1

现在要对 $o\left[(x-x_0)^2\right]$ 做文章了. 按之前的经验, $o\left[(x-x_0)^2\right]$ 的主要部分应该是 $(x-x_0)^3$.

连用三次洛必达法则,有

$$\lim_{x \to x_0} \frac{f(x)-f(x_0)-f'(x_0)(x-x_0)-\frac{1}{2}f''(x_0)(x-x_0)^2}{(x-x_0)^3}$$

$$=\lim_{x \to x_0}\left[\frac{1}{3} \cdot \frac{f'(x)-f'(x_0)-f''(x_0)(x-x_0)}{(x-x_0)^2}\right]$$

$$=\lim_{x \to x_0}\left[\frac{1}{6} \cdot \frac{f''(x)-f''(x_0)}{x-x_0}\right]$$

$$=\frac{1}{6}f'''(x_0),$$

所以

$$f(x)=f(x_0)+f'(x_0)(x-x_0)+\frac{1}{2}f''(x_0)(x-x_0)^2$$

$$+\frac{1}{6}f'''(x_0)(x-x_0)^3+o\left[(x-x_0)^3\right].$$

这就是三阶泰勒公式,前提是 $f(x)$ 三阶可导.

事不过三,现在可以猜一猜 n 阶泰勒公式是什么样的了.

泰勒中值定理 如果函数 $f(x)$ 在 x_0 的某个邻域 $U(x_0)$ 内具有直到 $n+1$ 阶的导数,那么对任一 $x \in U(x_0)$,有

$$f(x) = f(x_0) + f'(x_0)(x - x_0) + \frac{f''(x_0)}{2!}(x - x_0)^2 + \cdots +$$

$$\frac{f^{(n)}(x_0)}{n!}(x - x_0)^n + o[(x - x_0)^n],$$

其中 $o[(x - x_0)^n]$ 称为佩亚诺(Peano)余项.

这个定理的证明可仿照前面的分析过程.

泰勒公式需要求高阶导数,而 $y = e^x$ 的任意阶导数都是 e^x,所以 e^x 在 x_0 处的泰勒公式为

$$e^x = e^{x_0} + e^{x_0}(x - x_0) + \frac{1}{2!}e^{x_0}(x - x_0)^2 + \cdots + \frac{1}{n!}e^{x_0}(x - x_0)^n + o[(x - x_0)^n].$$

特别地,令 $x_0 = 0$ 得

$$e^x = 1 + x + \frac{1}{2!}x^2 + \cdots + \frac{1}{n!}x^n + o[(x - x_0)^n],$$

再令 $x = 1, n \to \infty$,得

$$e = 1 + 1 + \frac{1}{2!} + \cdots + \frac{1}{n!} + \cdots.$$

这个式子虽然很有趣,但有一个致命的问题!

思考 在泰勒公式中令 $x = 1, n \to \infty$ 有什么问题?

我们一再强调,导数、微分、泰勒公式研究的是局部性质,所以,若 $x - x_0$ 比较小,则泰勒公式的逼近效果比较好.

那这个误差究竟有多小呢?能不能有个有效的估计式?

如在上述 e 的表达式中,$x - x_0 = 1 - 0 = 1$,是否达到小的标准?误差是否可控?

10.2　拉格朗日余项

带拉格朗日余项的泰勒公式　如果函数 $f(x)$ 在 x_0 的某个邻域 $U(x_0)$ 内具有直到 $n+1$ 阶的导数,那么对任一 $x \in U(x_0)$,有

$$f(x) = f(x_0) + f'(x_0)(x - x_0) + \frac{f''(x_0)}{2!}(x - x_0)^2 + \cdots$$

$$+ \frac{f^{(n)}(x_0)}{n!}(x - x_0)^n + \frac{f^{(n+1)}(\xi)}{(n+1)!}(x - x_0)^{n+1}, \qquad ①$$

其中 ξ 是介于 x_0 与 x 之间的某个值.

此公式称为带拉格朗日余项的泰勒公式. 在看证明之前,请大家先复习柯西中值定理.

证明　令

$$p_n(x) = f(x_0) + f'(x_0)(x - x_0) + \frac{f''(x_0)}{2!}(x - x_0)^2 + \cdots + \frac{f^{(n)}(x_0)}{n!}(x - x_0)^n,$$

并记 $R_n(x) = f(x) - p_n(x)$,则

$$R_n(x_0) = R'_n(x_0) = R''_n(x_0) = \cdots = R_n^{(n)}(x_0) = 0.$$

对函数 $R_n(x)$ 及 $(x - x_0)^{n+1}$ 在以 x_0 及 x 为端点的区间内应用柯西中值定理,可得

$$\frac{R_n(x)}{(x - x_0)^{n+1}} = \frac{R_n(x) - R_n(x_0)}{(x - x_0)^{n+1} - (x_0 - x_0)^{n+1}}$$

$$= \frac{R'_n(\xi_1)}{(n+1)(\xi_1 - x_0)^n} \quad (\xi_1 \text{ 在 } x_0 \text{ 与 } x \text{ 之间}).$$

对函数 $R'_n(x)$ 与 $(n+1)(x - x_0)^n$ 在以 x_0 及 ξ_1 为端点的区间内应用柯西中值定理,可得

$$\frac{R'_n(\xi_1)}{(n+1)(\xi_1 - x_0)^n} = \frac{R'_n(\xi_1) - R'_n(x_0)}{(n+1)(\xi_1 - x_0)^n - (n+1)(x - x_0)^n}$$

$$= \frac{R''_n(\xi_2)}{n(n+1)(\xi_2 - x_0)^{n-1}} \quad (\xi_2 \text{ 在 } x_0 \text{ 与 } \xi_1 \text{ 之间}).$$

依此类推,经过 $n+1$ 次应用柯西中值定理后,可得

$$\frac{R_n(x)}{(x - x_0)^{n+1}} = \frac{R'_n(\xi_1)}{(n+1)(\xi_1 - x_0)^n} = \frac{R''_n(\xi_2)}{n(n+1)(\xi_2 - x_0)^{n-1}} = \cdots$$

$$= \frac{R_n^{(n)}(\xi_n)}{(n+1)!(\xi_n - x_0)}$$

$$= \frac{R_n^{(n+1)}(\xi)}{(n+1)!} \quad (\xi \text{ 在 } x_0 \text{ 与 } \xi_n \text{ 之间,因而也在 } x_0 \text{ 与 } x \text{ 之间}).$$

由 $R_n(x)$ 的定义知，$R_n^{(n+1)}(x) = f^{(n+1)}(x)$（因 $p_n^{(n+1)}(x) = 0$），于是

$$R_n(x) = \frac{f^{(n+1)}(\xi)}{(n+1)!}(x-x_0)^{n+1} \quad (\xi \text{ 在 } x_0 \text{ 与 } x \text{ 之间}),$$

从而定理成立.

公式 ① 称为 $f(x)$ 按 $x-x_0$ 的幂展开的带有拉格朗日余项的 n 阶泰勒公式，$R_n(x)$ 的表达式 $\dfrac{f^{(n+1)}(\xi)}{(n+1)!}(x-x_0)^{n+1}$ 称为**拉格朗日余项**.

现在再来看 e^x 的带拉格朗日余项的泰勒公式：

$$e^x = 1 + x + \frac{x^2}{2!} + \cdots + \frac{x^n}{n!} + \frac{e^{\theta x}}{(n+1)!}x^{n+1} \quad (0 < \theta < 1).$$

如果令 $x = 1$，那么

$$e = 1 + 1 + \frac{1}{2!} + \cdots + \frac{1}{n!} + \frac{e^{\theta}}{(n+1)!} \quad (0 < \theta < 1).$$

由于

$$\lim_{n \to \infty} \frac{e^{\theta}}{(n+1)!} = 0,$$

所以可令 $x = 1, n \to \infty$ 而得

$$e = 1 + 1 + \frac{1}{2!} + \cdots + \frac{1}{n!} + \cdots$$

而且，对于任意给定的 x，都有

$$\lim_{n \to \infty} \frac{e^{\theta x}}{(n+1)!} = 0,$$

所以

$$e^x = 1 + x + \frac{x^2}{2!} + \cdots + \frac{x^n}{n!} + \cdots$$

都成立！

说好的局部性质呢？我们一直在研究局部性质，现在却出现了整体性质！

还是用"欲穷千里目，更上一层楼"帮助理解吧. 每上一层楼，能看到的范围就更大，理论上，当楼足够高时，就有可能看到全貌了！

如果令 $x = -1$，有

$$\frac{1}{e} = \frac{1}{2!} - \frac{1}{3!} + \frac{1}{4!} - \frac{1}{5!} + \cdots,$$

然后可以得到

$$\left(1 + 1 + \frac{1}{2!} + \cdots + \frac{1}{n!} + \cdots\right)\left(\frac{1}{2!} - \frac{1}{3!} + \frac{1}{4!} - \frac{1}{5!} + \cdots\right) = 1.$$

是不是很有意思？

大家有兴趣的话,可以再探究一下 e^x 的泰勒公式,看看能否得到一些有趣的公式!

下一节我们会看到数学大师们是如何把泰勒公式"玩出花"的.

再来看看用

$$1+1+\frac{1}{2!}+\cdots+\frac{1}{n!}$$

逼近 e 的精度. 由于

$$e-\left(1+1+\frac{1}{2!}+\cdots+\frac{1}{n!}\right)=\frac{e^\theta}{(n+1)!}<\frac{e}{(n+1)!},$$

所以对于给定的 n,我们只要估计

$$\frac{e}{(n+1)!}$$

的大小就可以了.

易知 $\frac{e}{(n+1)!}$ 下降很快!

这再一次说明,存在性的结论有时候就够用了.

是不是每个函数的泰勒公式都有此奇效呢?让我们看看几个常见函数的带拉格朗日余项的泰勒公式吧.

10.3　常用的泰勒公式

令 $x_0=0$ 得到的带拉格朗日余项的泰勒公式称为**麦克劳林公式**.

$$\ln(1+x)=x-\frac{1}{2}x^2+\frac{1}{3}x^3-\cdots+(-1)^{n-1}\frac{1}{n}x^n+$$

$$\frac{(-1)^n}{(n+1)(1+\theta x)^{n+1}}x^{n+1}\ (0<\theta<1),$$

$$\sin x=x-\frac{x^3}{3!}+\frac{x^5}{5!}-\cdots+(-1)^{n-1}\frac{x^{2n-1}}{(2n-1)!}+(-1)^n\frac{\cos(\theta x)}{(2n+1)!}x^{2n+1}$$

$$\cos x=1-\frac{1}{2!}x^2+\frac{1}{4!}x^4-\cdots+(-1)^n\frac{1}{(2n)!}x^{2n}+(-1)^n\frac{\cos(\theta x)}{(2n+2)!}x^{2n+2}\ (0<\theta<1),$$

$$(1+x)^\alpha=1+\alpha x+\frac{\alpha(\alpha-1)}{2!}x^2+\cdots+\frac{\alpha(\alpha-1)\cdots(\alpha-n+1)}{n!}x^n+$$

$$\frac{\alpha(\alpha-1)\cdots(\alpha-n+1)(\alpha-n)}{(n-1)!}(1+\theta x)^{\alpha-n-1}x^{n+1}\ (0<\theta<1).$$

数学被公认是一门精确的学科. 在中小学的数学练习题中,数学问题都是有精确解的. 这也导致了一个有趣的现象:数学题的答案必须是精确的,如 $\frac{1}{7}$, $\sqrt{5}$, $\ln 3$, $\sin \frac{\pi}{10}$ 等,但在物理或化学题的答案中, $\sqrt{2}$ 往往会被1.414替代,而且物理、化学题的答案经常有诸如"计算结果保留两位小数"等要求.

实际上,对于许多问题来说,如果能找到解答的精确公式,那就是"见证奇迹的时刻". 所以,多数情况下,我们不得不满足于大致的估计,即使这些估计看似很不美,但却能贴合实际情况.

泰勒公式提供了一个逼近方法. 它的优势在于不仅可用于求值,还可用于函数逼近.

最后,用人工智能专家、南京大学教授周志明的一句话结束本章.

所有光滑的函数图象都可以使用泰勒公式以任意精度去逼近模拟,展开成泰勒多项式的形式.

—— 摘自《智慧的疆界:从图灵机到人工智能》(周志明著)

泰勒公式的应用 —— 思接千载,神游万仞

泰勒公式的应用十分广泛,数学史上许多著名的研究成果都与泰勒公式有关.那么泰勒公式该如何使用呢?

思接千载,神游万仞!

也就是说,在看数学公式的时候,思想纵横驰骋,不受公式本身限制,连接各种类型数学知识,这样才能看到"无限风光在险峰",得到意想不到的结论!

下面,我们就来看看历史上的数学大师们是如何把泰勒公式用出风格、用出水平的吧!

11.1　计算自然数的平方的倒数和

计算

$$1 + \frac{1}{2^2} + \frac{1}{3^2} + \cdots = \underline{\hspace{2cm}}.$$

此题曾被赋名巴塞尔问题. 据说这道题于 1689 年公开征求解答,难倒了当时所有一流的数学家,莱布尼茨、雅各布·伯努利(Jocob Bernoulli)、哥德巴赫(Goldbach)等均无法解出,于是引起了欧拉(Euler)的兴趣,终于在该问题被提出 40 多年后的 1735 年,欧拉解决了这个超级难题.

首先回顾一个知识点.

如果 $x_1, x_2, \cdots, x_n$ 是多项式方程 $f(x) = 0$ 的根,那么

$$f(x) = a(x - x_1)(x - x_2) \cdots (x - x_n).$$

把这个结论稍稍推广一下:

因为 $0, \pi, -\pi, 2\pi, -2\pi, \cdots$ 是 $\sin x = 0$ 的根，所以

$$\sin x = x\left(1 - \frac{x}{\pi}\right)\left(1 + \frac{x}{\pi}\right)\left(1 - \frac{x}{2\pi}\right)\left(1 + \frac{x}{2\pi}\right)\left(1 - \frac{x}{3\pi}\right)\left(1 + \frac{x}{3\pi}\right)\cdots$$

$$= x\left(1 - \frac{x^2}{\pi^2}\right)\left[1 - \frac{x^2}{(2\pi)^2}\right]\left[1 - \frac{x^2}{(3\pi)^2}\right]\cdots, \qquad \text{①}$$

这里本应有系数 a，但由

$$\lim_{x \to 0} \frac{\sin x}{x} = 1$$

可得 $a = 1$.

把上式展开，按 $x, x^3, x^5, \cdots$ 的系数整理得

$$\sin x = x + \left[-\frac{1}{\pi^2} - \frac{1}{(2\pi)^2} - \frac{1}{(3\pi)^2} - \cdots\right]x^3 + \cdots,$$

由 $\sin x$ 的泰勒公式得

$$\sin x = x - \frac{x^3}{3!} + \frac{x^5}{5!} - \cdots + (-1)^n \frac{x^{2n+1}}{(2n+1)!} + \cdots,$$

比较两个式子中 x^3 的系数得

$$-\frac{1}{\pi^2} - \frac{1}{(2\pi)^2} - \frac{1}{(3\pi)^2} - \cdots = -\frac{1}{3!}.$$

化简即得

$$1 + \frac{1}{2^2} + \frac{1}{3^2} + \cdots + \frac{1}{n^2} + \cdots = \frac{\pi^2}{6}.$$

注意 ① 式没有严格证明，但很有用. 如在 ① 式中令

$$x = \frac{\pi}{2},$$

可得

$$\sin \frac{\pi}{2} = \frac{\pi}{2}\left[1 - \frac{\left(\frac{\pi}{2}\right)^2}{\pi^2}\right]\left[1 - \frac{\left(\frac{\pi}{2}\right)^2}{(2\pi)^2}\right]\left[1 - \frac{\left(\frac{\pi}{2}\right)^2}{(3\pi)^2}\right]\cdots$$

$$= \frac{\pi}{2}\left(1 - \frac{1}{2^2}\right)\left(1 - \frac{1}{4^2}\right)\left(1 - \frac{1}{6^2}\right)\cdots$$

$$= \frac{\pi}{2} \cdot \frac{(2-1)(2+1)}{2 \cdot 2} \cdot \frac{(4-1)(4+1)}{4 \cdot 4} \cdot \frac{(6-1)(6+1)}{6 \cdot 6} \cdots,$$

所以

$$\frac{\pi}{2} = \frac{2}{1} \cdot \frac{2}{3} \cdot \frac{4}{3} \cdot \frac{4}{5} \cdot \frac{6}{5} \cdot \frac{6}{7} \cdot \frac{8}{7} \cdot \frac{8}{9} \cdots.$$

11.2　计算 π

上面已经有一个 π 的计算公式了, 下面再来两个.

(1) $\arctan x$ 的泰勒公式是

$$\arctan x = x - \frac{x^3}{3} + \frac{x^5}{5} - \cdots + \frac{(-1)^n}{2n+1} x^{2n+1} + \cdots.$$

令 $x = 1, n \to \infty$ 得

$$\frac{\pi}{4} = 1 - \frac{1}{3} + \frac{1}{5} - \cdots + \frac{(-1)^n}{2n+1} + \cdots,$$

所以

$$\pi = 4 \left[1 - \frac{1}{3} + \frac{1}{5} - \cdots + \frac{(-1)^n}{2n+1} + \cdots \right].$$

(2) $\arcsin x$ 的泰勒公式是

$$\arcsin x = x + \frac{1}{3!} x^3 + \frac{(3!!)^2}{5!} x^5 + \cdots + \frac{\left[(2n-1)!! \right]^2}{(2n+1)!} x^{2n+1} + \cdots,$$

这里 $(2n-1)!! = 1 \cdot 3 \cdot \cdots \cdot (2n-1)$.

令 $x = 1, n \to \infty$ 得

$$\frac{\pi}{2} = 1 + \frac{1}{2} \cdot \frac{1}{3} + \frac{1 \times 3}{2 \times 4} \times \frac{1}{5} + \frac{1 \times 3 \times 5}{2 \times 4 \times 6} \times \frac{1}{7} + \cdots.$$

没想到吧, π 竟然可以用这样的方式求得.

11.3　欧拉天桥

欧拉公式　$e^{i\pi} + 1 = 0$, 其中 i 是虚数单位, 即 $i^2 = -1$.

这个公式又称欧拉天桥. 因为它将数学中最重要的五个常数 ——$0, 1, \pi, e, i$ 融合在一个非常简洁的公式中, 所以被称为数学中最完美的公式.

如此神奇的公式是怎么来的呢?

先看 $e^x, \sin x, \cos x$ 的泰勒公式:

$$e^x = 1 + x + \frac{x^2}{2!} + \frac{x^3}{3!} + \frac{x^4}{4!} + \cdots,$$

$$\sin x = x - \frac{x^3}{3!} + \frac{x^5}{5!} - \frac{x^7}{7!} + \cdots,$$

$$\cos x = 1 - \frac{x^2}{2!} + \frac{x^4}{4!} - \frac{x^6}{6!} + \cdots,$$

在 e^x 的泰勒公式中把 x 换成 ix,并注意到

$$i^2 = -1, i^3 = i^2 \cdot i = -i, i^4 = (i^2)^2 = 1, \cdots$$

可得

$$e^{ix} = 1 + ix + \frac{(ix)^2}{2!} + \frac{(ix)^3}{3!} + \frac{(ix)^4}{4!} + \frac{(ix)^5}{5!} + \frac{(ix)^6}{6!} + \frac{(ix)^7}{7!} + \cdots$$

$$= 1 + ix - \frac{x^2}{2!} - i\frac{x^3}{3!} + \frac{x^4}{4!} + i\frac{x^5}{5!} - \frac{x^6}{6!} - i\frac{x^7}{7!} + \cdots$$

$$= 1 - \frac{x^2}{2!} + \frac{x^4}{4!} - \frac{x^6}{6!} + \cdots + i\left(x - \frac{x^3}{3!} + \frac{x^5}{5!} - \frac{x^7}{7!} + \cdots\right)$$

$$= \cos x + i\sin x.$$

再令 $x = \pi$ 得

$$e^{i\pi} = \cos \pi + i\sin \pi = -1.$$

所以

$$e^{i\pi} + 1 = 0.$$

这几个公式虽然只有形式上的证明,但都是正确的. 有兴趣的读者可以继续深究,也可以自己动手去探究泰勒公式,看能否得出一些有意思的结论.

函数的凹凸性 —— 打点计时器也"疯狂"

高中数学中有如下不等式:

$$\frac{a^2+b^2}{2} \geqslant \left(\frac{a+b}{2}\right)^2.$$

12.1 打点计时器证明不等式

物理课上的实验"用打点计时器算重力加速度",给了上面的不等式一个非常好的解释.

应用物理知识,对于一个做自由落体运动的物体,

$$s = \frac{1}{2}gt^2,$$

其中 s 是物体下落的距离, g 是重力加速度, t 是物体下落的时间.

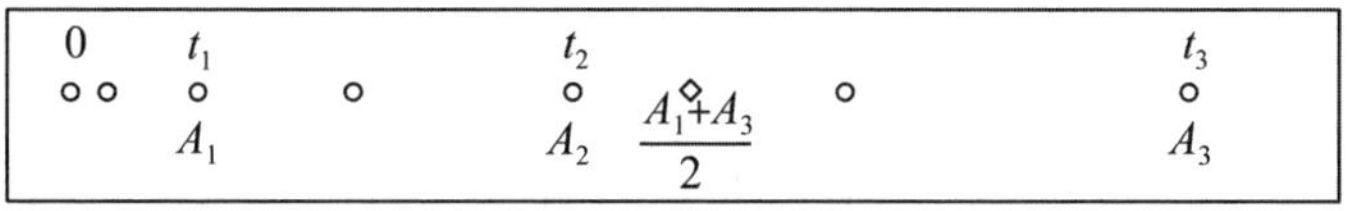

$$
\begin{array}{l}
0 \quad t_1 \qquad\qquad t_2 \qquad\qquad\qquad\qquad t_3 \\
\circ\circ \quad \circ \qquad \circ \qquad\qquad \circ \quad \dfrac{A_1+A_3}{2} \quad \circ \qquad\qquad \circ \\
A_1 \qquad\qquad A_2 \qquad\qquad\qquad\qquad A_3
\end{array}
$$

图 12-1

如图 12-1 所示,设打点计时器在时刻 t_1 , $t_2 = \dfrac{t_1+t_3}{2}$, t_3 打的点分别为 A_1 , A_2 ,
A_3 ,则

$$s_1 = \frac{1}{2}gt_1^2, \qquad\qquad ①$$

$$s_2 = \frac{1}{2}gt_2^2, \qquad\qquad ②$$

$$s_3 = \frac{1}{2}gt_3^2. \qquad\qquad ③$$

比较 A_1，A_3 的中点 $\dfrac{A_1 + A_3}{2}$ 和 A_2 的位置.

显然，$\dfrac{A_1 + A_3}{2}$ 在 A_2 的右侧. 如果以时刻 0 为原点，则

$$\frac{s_1 + s_3}{2} \geqslant s_2.$$

把 ①②③ 代入上式即得

$$\frac{t_1^2 + t_3^2}{2} \geqslant \left(\frac{t_1 + t_3}{2}\right)^2.$$

为什么 $\dfrac{A_1 + A_3}{2}$ 在 A_2 的右侧呢？我们用物理意义解释.

$\dfrac{1}{2}g\left(\dfrac{t_1^2 + t_3^2}{2}\right)$ 对应的是时刻 t_1，t_3 物体下落对应的位置 A_1，A_3 的中点 $\dfrac{A_1 + A_3}{2}$ 与原点的距离，$\dfrac{1}{2}g\left(\dfrac{t_1 + t_3}{2}\right)^2$ 对应的是时刻 $t_2 = \dfrac{t_1 + t_3}{2}$ 物体下落对应的位置 A_2 与原点的距离. 因为自由落体是加速运动，随着时刻 t 的增长，速度 v 越来越大，结合 $t_2 - t_1 = t_3 - t_2$ 知物体在 $t_3 - t_2$ 这段时间的位移大于在 $t_2 - t_1$ 这段时间的位移，从而 A_1，A_3 的中点应该超过 A_2. 故

$$\frac{t_1^2 + t_3^2}{2} \geqslant \left(\frac{t_1 + t_3}{2}\right)^2.$$

在高中，我们已经知道不等式 $\dfrac{a^2 + b^2}{2} \geqslant \left(\dfrac{a + b}{2}\right)^2$ 有广泛的应用. 所以，一个自然产生的问题是：别的函数是否有类似的性质？

抛开具体的函数表达式不谈，我们希望知道别的函数 $f(x)$ 是否满足：

$$f\left(\frac{x_1 + x_2}{2}\right) \geqslant \frac{f(x_1) + f(x_2)}{2}.$$

微积分是解决函数问题的一般性方法，不拘泥于某个具体函数，而是针对所有函数给出结论. 正因为如此，微积分才超越了那些"见招拆招"、针对具体函数的理论，取得了划时代的重大突破.

实际上，高等数学的主体内容都具有这个特征.

如中学数学中有一元一次方程、二元一次方程组、三元一次方程组的解法，而到了大学，学的是最具有一般性的 n 元线性方程组的解法.

综上，高等数学的内容是**一般的**、**抽象的**问题，所以难度大. 相应地，学习的方法是**找特殊的**、**具体的例子**帮助理解.

12.2 函数的凹凸性

定义 12.1 设 $f(x)$ 在区间 I 上连续,如果对 I 上任意两点 x_1,x_2 恒有

$$f\left(\frac{x_1+x_2}{2}\right) < \frac{f(x_1)+f(x_2)}{2},$$

那么称 $f(x)$ 在 I 上的图形是(向上)凹的(或凹弧)[图 12-2(a)];如果恒有

$$f\left(\frac{x_1+x_2}{2}\right) > \frac{f(x_1)+f(x_2)}{2},$$

那么称 $f(x)$ 在 I 上的图形是(向上)凸的(或凸弧)[图 12-2(b)].

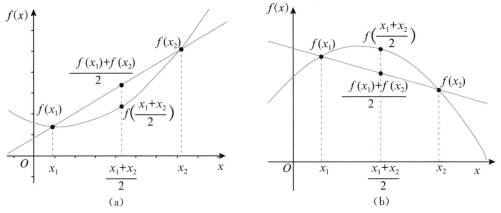

(a)   (b)

图 12-2

满足什么条件的函数才会是凹函数或凸函数呢?

仔细分析用打点计算器证明不等式的过程可知,不等式成立的核心原因是速度 v 越来越大,即速度是增函数. 这就要求速度的导数(即加速度)大于 0. 类比可得定理 12.1.

定理 12.1 设 $f(x)$ 在区间 $[a,b]$ 内连续,在区间 (a,b) 内具有一阶和二阶导数,那么

(1)若在区间 (a,b) 内 $f''(x) > 0$,则 $f(x)$ 在区间 $[a,b]$ 内的图形是凹的;

(2)若在区间 (a,b) 内 $f''(x) < 0$,则 $f(x)$ 在区间 $[a,b]$ 内的图形是凸的.

因为 $(x^2)'' = 2 > 0$,所以 $y = x^2$ 是凹函数.

因为 $(x^3)'' = 6x$,所以 $y = x^3$ 的图象中 $x < 0$ 的部分是凸弧,$x > 0$ 的部分是凹弧.

图 12-3 中画出了函数 $y = x^2$,$y = x^3$ 的图象. 这两个图象验证了上述结论.

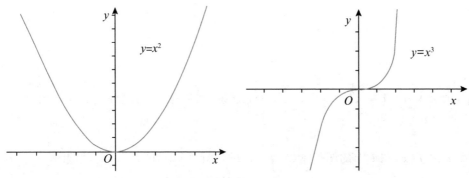

图 12-3

我们以 $f''(x) > 0$ 为例,从物理意义的角度证明定理 12.1.

证明 把 $f(x)$ 看作某质点 p 在某一运动过程的位移函数,则 $f'(x)$ 为该质点的速度,$f''(x)$ 为该质点的加速度.

因为 $[f'(x)]' = f''(x) > 0$,所以 $f'(x)$ 是增函数,即质点 p 的速度越来越快.

若 $x_2 > x_1$,则 p 在时间段 $x_2 - \dfrac{x_2 + x_1}{2}$ 的位移 $f(x_2) - f\left(\dfrac{x_2 + x_1}{2}\right)$ 大于在时间段 $\dfrac{x_2 + x_1}{2} - x_1$ 的位移 $f\left(\dfrac{x_2 + x_1}{2}\right) - f(x_1)$,即

$$f(x_2) - f\left(\frac{x_2 + x_1}{2}\right) > f\left(\frac{x_2 + x_1}{2}\right) - f(x_1).$$

从而

$$\frac{f(x_2) + f(x_1)}{2} > f\left(\frac{x_2 + x_1}{2}\right).$$

我们先用一个特殊的不等式引出了函数凹凸性的定义,然后抓住这个特殊不等式证明过程中的本质特征予以推广,证明函数凹凸性的充分条件. 这充分体现了哲学中两个范畴:"特殊"和"一般"的辩证关系.

12.3 利用函数的凹凸性证明不等式

例 12.1 证明如下不等式.

(1) $\dfrac{a^n + b^n}{2} > \left(\dfrac{a + b}{2}\right)^n$ $(a > 0, b > 0, a \neq b, n > 1)$.

(2) $x \ln x + y \ln y > (x + y) \ln \dfrac{x + y}{2}$ $(x > 0, y > 0, x \neq y)$.

证明　(1) 令 $f(x) = x^n, x > 0$，则由 $n > 1$，可得
$$f''(x) = n(n-1)x^{n-2} > 0,$$

从而 $f(x)$ 是凹函数，所以
$$\frac{f(a) + f(b)}{2} > f\left(\frac{a+b}{2}\right),$$

也就是
$$\frac{a^n + b^n}{2} > \left(\frac{a+b}{2}\right)^n.$$

(2) 令 $f(x) = x \ln x, x > 0$，则
$$f'(x) = \ln x + 1,$$
$$f''(x) = \frac{1}{x} > 0,$$

从而 $f(x)$ 是凹函数，所以
$$\frac{f(x) + f(y)}{2} > f\left(\frac{x+y}{2}\right),$$

即
$$x \ln x + y \ln y > (x+y) \ln \frac{x+y}{2}.$$

极值与最值 —— 会当凌绝顶，一览众山小

望 岳

杜 甫

岱宗夫如何?齐鲁青未了.

造化钟神秀,阴阳割昏晓.

荡胸生层云,决眦入归鸟.

会当凌绝顶,一览众山小.

这是我们非常熟悉的一首诗. 李健吾的散文作品《雨中登泰山》曾引用诗中的千古名句"会当凌绝顶,一览众山小".

实际上,用"会当凌绝顶,一览众山小"来形容函数极值也非常贴切.

孟子说的"孔子登东山而小鲁,登泰山而小天下"更是点出了最值和极值的区别.

先看什么是数学中定义的极值和最值.

13.1 极值和最值的定义

定义 13.1 设函数 $f(x)$ 在点 x_0 的某邻域 $U(x_0)$ 内有定义,如果对于去心邻域 $\mathring{U}(x_0)$ 内的任意 x,都有

$$f(x) \leqslant f(x_0) \left[\text{或 } f(x) \geqslant f(x_0) \right],$$

则称 $f(x_0)$ 是函数 $f(x)$ 的一个**极大值**（或**极小值**）.

函数的极大值与极小值统称为函数的**极值**,使函数取得极值的点称为**极值点**.

之前定义过最值,复习如下:

> **定义 13.2** 对于定义在区间 I 上的函数 $f(x)$,如果存在 $x_0 \in I$,使得对于任一 $x \in I$ 都有
> $$f(x) \leqslant f(x_0) \big[或 f(x) \geqslant f(x_0) \big],$$
> 那么称 $f(x_0)$ 是函数 $f(x)$ 在区间 I 上的**最大值**(或**最小值**).

定义 13.1 和定义 13.2 看上去差不多,实际上也差得不多.

唯一的区别是:极值是一个**局部**概念(某个邻域内),最值是一个**整体**概念(整个区间上)(图 13-1).

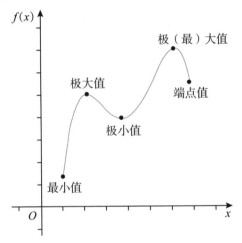

图 13-1

举个例子:如果把整个省当作一个区间,那么省高考状元的高考分数既是极值,也是最值;而每个学校的校高考状元的高考分数是都极值,但不一定是最值.

孟子说:"孔子登东山而小鲁,登泰山而小天下."表达的意思是,在孔子的眼里,东山的高度是极值,而泰山的高度是最值.

高中数学中已指出:函数 $y = f(x)$ 在某一点处的导数值为 0 是该函数 $y = f(x)$ 在这点取极值的必要条件.

> **定理 13.1** (必要条件)设函数 $f(x)$ 在 x_0 处可导,且在 x_0 处取得极值,则 $f'(x_0) = 0$.

反过来,如果 $f'(x_0) = 0$,那么 x_0 一定是极值点吗?或者说,$f'(x_0) = 0$ 是 x_0 为极值点的充分条件吗?

俗话说:"**听话听音,锣鼓听声.**"意思是听人说话,要善于聆听他的弦外之音,准确

把握对方的意思表达,就像听锣鼓敲打的声音一样,光听热闹不行,要听出它的节奏和音响.

所以,既然高中数学只讲函数 $f(x)$ 在 x_0 处取得极值的必要条件是 $f'(x_0)=0$,一般 $f'(x_0)=0$ 就不会也是 $f(x)$ 在 x_0 处取得极值的充分条件了,否则高中教材会直接指出这是充分必要条件. 故此,极值点的充分条件另有所指.

13.2　极值点的充分条件

定理 13.2　(第一充分条件)设函数 $f(x)$ 在 x_0 处连续,且在 x_0 的某去心邻域 $\mathring{U}(x_0,\delta)$ 内可导.

(1) 若 $x\in(x_0-\delta,x_0)$ 时,$f'(x)>0$,而 $x\in(x_0,x_0+\delta)$ 时,$f'(x)<0$,则 $f(x)$ 在 x_0 处取得极大值[图 13-2(a)];

(2) 若 $x\in(x_0-\delta,x_0)$ 时,$f'(x)<0$,而 $x\in(x_0,x_0+\delta)$ 时,$f'(x)>0$,则 $f(x)$ 在 x_0 处取得极小值[图 13-2(b)];

(3) 若 $x\in\mathring{U}(x_0,\delta)$ 时,$f'(x)$ 的符号保持不变,则 $f(x)$ 在 x_0 处没有极值.

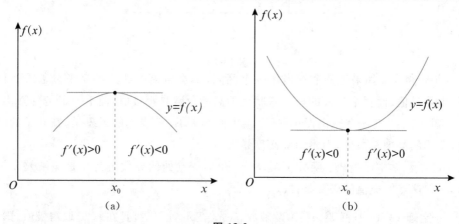

图 13-2

极值的充分条件看上去就不像必要条件那么友好了.

那么要怎样理解、记忆这些充分条件呢?

还是借用"会当凌绝顶,一览众山小"来直观地体会一下什么是极大值.

所谓极大值,指的就是**在一定范围内最大**."绝顶"之所以是极值点,就是因为周围的山都没它高.

一个点要成为函数的极大值点,关键就是它的函数值在它的某个邻域内是最大的.

这两个充分条件就是为了保证 $f(x_0)$ 比周围的函数值大.

以极大值为例.

若 $x \in (x_0 - \delta, x_0)$ 时, $f'(x) > 0$,则 $f(x)$ 在 $(x_0 - \delta, x_0)$ 内递增,故

$$当 x \in (x_0 - \delta, x_0) 时, f(x_0) > f(x).$$

而若 $x \in (x_0, x_0 + \delta)$ 时, $f'(x) < 0$,则 $f(x)$ 在 $(x_0, x_0 + \delta)$ 内递减,故

$$当 x \in (x_0, x_0 + \delta) 时, f(x_0) > f(x).$$

则 $f(x)$ 在 x_0 处取得极大值.

直观地讲,就是 $f(x)$ 在 $U(x_0, \delta)$ 内运动的过程中,在 $(x_0 - \delta, x_0)$ 上经历了一个上坡过程,在 $(x_0, x_0 + \delta)$ 上经历了一个下坡过程,所以上、下坡的转折点 $f(x_0)$ 就是极大值.

至于第(3)条,可借用函数 $y = x^3$ 在 $x = 0$ 处的情况理解.

定理 13.3 (第二充分条件) 设函数 $f(x)$ 在 x_0 处具有二阶导数,且 $f'(x_0) = 0$, $f''(x_0) \neq 0$,则

(1) 当 $f''(x_0) < 0$ 时,函数 $f(x)$ 在 x_0 处取得极大值;

(2) 当 $f''(x_0) > 0$ 时,函数 $f(x)$ 在 x_0 处取得极小值.

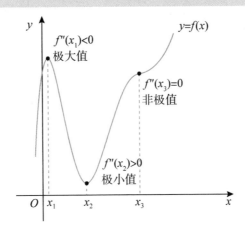

图 13-3

举例如图 13-3 所示.定理说明还是以极大值为例.由泰勒公式

$$f(x) = f(x_0) + f'(x_0)(x - x_0) + \frac{f''(x_0)}{2!}(x - x_0)^2 + \frac{f^{(3)}(\xi)}{3!}(x - x_0)^3,$$

可得

$$f(x) \approx f(x_0) + \frac{1}{2} f''(x_0)(x - x_0)^2.$$

(1) 当 $f''(x_0) < 0$ 时,函数 $f(x)$ 在 x_0 处取得极大值(开口向下的抛物线顶端);

(2) 当 $f''(x_0) > 0$ 时,函数 $f(x)$ 在 x_0 处取得极小值(开口向上的抛物线底端).

由于极大值的充分条件体现了极值点的本质特征:其函数值比邻域内所有点的函数值都大,即"一览众山小",所以它并不是针对某个具体函数的结论,而是适用于所有可导函数.

14

定积分 —— 天下难事必作于易;天下大事必作于细

"天下难事必作于易;天下大事必作于细."这句话出自老子所著的《道德经》,意思是:处理难事,要从简单的方面入手;处理大事,要从细微的地方做起.这句话充满辩证思维,也提出一种解决实际问题的策略:在面对复杂、困难和重大的问题时,要从容易、细微的角度入手,逐步推进.

解数学题、做数学研究也是这样,有时候需要先从简单的情形做起.

面积是一个非常重要的概念,我们从小学就开始学习各种直线图形的面积,如三角形、长方形的面积.

对于平面上的封闭曲线围成的平面图形的面积,如一个腰是曲线的梯形(曲边梯形)的面积,据文字记载,早在古希腊就有人研究,其思路与老子的思想"天下难事,必作于易"如出一辙:把难求面积的曲边梯形,转化成易求面积的长方形.具体为:把曲边梯形分割成足够小的曲边梯形,然后用长方形替代曲边梯形,再对所有长方形面积求和得到曲边梯形的面积.

但是,求这些长方形的面积绝非易事.直到微积分横空出世,才彻底解决这一问题.

14.1 曲边梯形的面积

先来看阿基米德(Archimedes)是如何求曲边梯形的面积的.

例 14.1 求 $y = x^2$ 与 $y = 0, x = 0, x = 1$ 所围成的曲边梯形的面积.

解 按如下四个步骤求解.

(1) 大化小

在区间 $[0,1]$ 内插入 $n-1$ 个节点:

$$\frac{1}{n}, \frac{2}{n}, \cdots, \frac{n-1}{n},$$

把区间 $[0,1]$ 分成 n 个小区间 $\left[\frac{i}{n}, \frac{i+1}{n}\right], i = 0, 1, \cdots, n-1.$

(2) 常代变

在每个小区间 $\left[\frac{i}{n}, \frac{i+1}{n}\right]$ 上, 取右端点的函数值 $\left(\frac{i+1}{n}\right)^2$ 作为该区间上取代小曲边梯形的长方形的高, 从而该小曲边梯形的面积近似为

$$\frac{1}{n}\left(\frac{i+1}{n}\right)^2.$$

(3) 近似和

把每个小区间上的曲边梯形面积的近似值加起来得到

$$S_n = \frac{1}{n}\left[\left(\frac{1}{n}\right)^2 + \left(\frac{2}{n}\right)^2 + \left(\frac{3}{n}\right)^2 + \cdots + \left(\frac{n}{n}\right)^2\right]$$

$$= \frac{1}{n^3}(1 + 2^2 + 3^2 + \cdots + n^2).$$

因为

$$1^2 + 2^2 + 3^2 + \cdots + n^2 = \frac{1}{6}n(n+1)(2n+1),$$

所以

$$S_n = \frac{1}{3}\left(1 + \frac{1}{n}\right)\left(1 + \frac{1}{2n}\right).$$

(4) 求极限

当 $n \to \infty$ 时,

$$\lim_{n \to \infty} S_n = \lim_{n \to \infty} \frac{1}{3}\left(1 + \frac{1}{n}\right)\left(1 + \frac{1}{2n}\right) = \frac{1}{3}.$$

所以曲边梯形的面积是 $\frac{1}{3}$.

从直观上看,当 n 比较大时,小曲边梯形与取代它的长方形之间的面积差越来越小,所以看上去这个求曲边面积的方法很靠谱.

在求小曲边梯形的近似面积时,我们取的是右端点的函数值[图 14-1(a)]. 如果取左端点的函数值[图 14-1(b)],会得到什么结果呢?

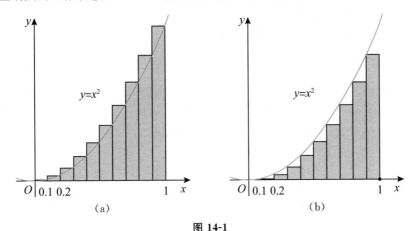

(a)   (b)

图 14-1

此时有

$$\overline{S}_n = \frac{1}{n}\left[\left(\frac{0}{n}\right)^2 + \left(\frac{1}{n}\right)^2 + \left(\frac{2}{n}\right)^2 + \cdots + \left(\frac{n-1}{n}\right)^2\right]$$

$$= \frac{1}{6n^3}(n-1)\left[(n-1)+1\right]\left[2(n-1)+1\right]$$

$$= \frac{1}{3}\left(1-\frac{1}{n}\right)\left(1-\frac{1}{2n}\right).$$

易知,当 $n \to \infty$ 时,$\overline{S}_n$ 的极限依然是 $\frac{1}{3}$.

所以,不管是用小区间左端点的函数值还是右端点的函数值作为取代小曲边梯形的长方形的高,得到的结果是一样的.

这使我们更坚定地相信,所求的面积确实是 $\frac{1}{3}$.

类似地,如果我们知道

$$1^3 + 2^3 + 3^3 + \cdots + n^3 = \frac{1}{4}n^2(n+1)^2,$$

则可算得,$y = x^3$ 与 $y = 0, x = 0, x = 1$ 所围成的曲边梯形的面积是 $\frac{1}{4}$.

但是,当 $n > 3$ 时,$y = x^n$ 与 $y = 0, x = 0, x = 1$ 所围成的曲边梯形的面积就比较难求了.

法国数学家费马采用了一个巧妙的方法解决了这个难题.

插入无穷多个节点 $q, q^2, q^3, \cdots, q^n, \cdots (0 < q < 1)$,把区间 $[0,1]$ 分成无穷多个小区间 $[q^i, q^{i+1}], i = 0, 1, 2, \cdots$.

取每个小区间的右端点的函数值作为取代小曲边梯形的长方形的高,则

$$
\begin{aligned}
S_q &= (1-q) \cdot 1 + (q - q^2) \cdot q^n + (q^2 - q^3) \cdot q^{2n} + (q^3 - q^4) \cdot q^{3n} + \cdots \\
&= (1-q)(1 + q^{n+1} + q^{2n+2} + \cdots) \\
&= (1-q) \frac{1}{1 - q^{n+1}} \\
&= \frac{1}{1 + q + q^2 + \cdots + q^n}.
\end{aligned}
$$

当 q 在 $(0,1)$ 之间变化时,我们得到 S 的近似值 S_q.

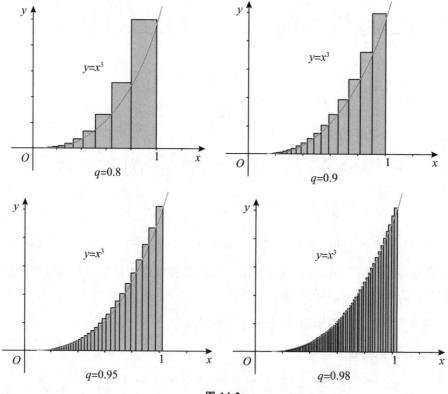

图 14-2

当 q 比较小的时候,逼近程度不好,但当 q 越来越大时,逼近程度越来越好(图 14-2).

特别地,当 q 趋向于 1 时,

$$
\lim_{q \to 1} S_q = \lim_{q \to 1} \frac{1}{1 + q + q^2 + \cdots + q^n} = \frac{1}{n+1}.
$$

所以 S_q 的面积趋向于 $\dfrac{1}{n+1}$.

看来四个步骤(大化小、常代变、近似和、求极限)是求曲边梯形的面积很有用的一种方法. 下面再举一例.

例 14.2 求 $y=\dfrac{1}{x^2}$ 与 $y=0,x=a,x=b(b>a)$ 所围成的曲边梯形的面积.

解 令 $A=\dfrac{b-a}{n}$,在区间 $[a,b]$ 内插入 $n-1$ 个节点:

$$a+A,a+2A,\cdots,a+(n-1)A.$$

在每个小区间 $[a+iA,a+(i+1)A]$ 内取点 $\sqrt{(a+iA)[a+(i+1)A]}$ 的函数值,则

$$S=\left[\frac{1}{\sqrt{a(a+A)}}\right]^2[(a+A)-a]+\left[\frac{1}{\sqrt{(a+A)(a+2A)}}\right]^2[(a+2A)-(a+A)]$$

$$+\cdots+\left\{\frac{1}{\sqrt{[a+(n-1)A]b}}\right\}^2\{b-[a+(n-1)A]\}$$

$$=\left(\frac{1}{a}-\frac{1}{a+A}\right)+\left(\frac{1}{a+A}-\frac{1}{a+2A}\right)+\cdots+\left[\frac{1}{a+(n-1)A}-\frac{1}{b}\right]$$

$$=\frac{1}{a}-\frac{1}{b}.$$

所以

$$S=\lim_{n\to\infty}S_n=\lim_{n\to\infty}\left(\frac{1}{a}-\frac{1}{b}\right)=\frac{1}{a}-\frac{1}{b}.$$

这样的方法还有很多,也很巧妙,但都只针对特殊的情况,所以远远不能满足实际需求.

对于一般的函数图象围成的曲边梯形面积,上述方法可归结为求定积分的问题.

14.2　定积分的定义

定义 14.1　设函数 $f(x)$ 在区间 $[a,b]$ 内有界,求 $f(x)$ 与 x 轴,$x=a$,$x=b$ 围成的区域的面积.

(1) 大化小

在区间 $[a,b]$ 内任意插入若干个分点:

$$a = x_0 < x_1 < x_2 < \cdots < x_{n-1} < x_n = b,$$

把区间 $[a,b]$ 分成 n 个小区间:

$$[x_0,x_1],[x_1,x_2],\cdots,[x_{n-1},x_n],$$

各个小区间的长度依次为

$$\Delta x_1 = x_1 - x_0, \Delta x_2 = x_2 - x_1, \cdots, \Delta x_n = x_n - x_{n-1}.$$

(2) 常代变

在每个小区间 $[x_{i-1},x_i]$ 内任取一点 $f(\xi_i)(x_{i-1} \leqslant \xi_i \leqslant x_i)$,作函数值 $f(\xi_i)$ 与小区间长度 Δx_i 的乘积 $f(\xi_i)\Delta x_i (i = 1,2,\cdots,n)$.

(3) 近似和

作出和

$$S = \sum_{i=1}^{n} f(\xi_i)\Delta x_i.$$

(4) 求极限

记 $\lambda = \max\{\Delta x_1, \Delta x_2, \cdots, \Delta x_n\}$,如果不论对区间 $[a,b]$ 怎样划分,也不论在小区间 $[x_{i-1},x_i]$ 内点 ξ_i 怎样选取,只要当 $\lambda \to 0$ 时,和 S 总趋于确定的极限 I,那么称这个极限 I 为函数 $f(x)$ 在区间 $[a,b]$ 内的**定积分**(简称**积分**),记作 $\int_a^b f(x)\mathrm{d}x$,即

$$\int_a^b f(x)\mathrm{d}x = I = \lim_{\lambda \to 0} \sum_{i=1}^{n} [f(\xi_i)\Delta x_i],$$

其中 $f(x)$ 叫做被积函数,$f(x)\mathrm{d}x$ 叫做被积表达式,x 叫做积分变量,a 叫做**积分下限**,b 叫做**积分上限**,$[a,b]$ 叫做积分区间.

积分符号 "$\int$" 由莱布尼茨所创,它是拉丁语 summa(总和)的第一个字母 s 的伸长.

又是极限!

大家看这个定义,是不是很难接受?请大家一定要撑住,因为大学数学中还有很多这样的定义.

图 14-3(a) 中画出了 $\int_a^b f(x)\mathrm{d}x$,图 14-3(b),(c),(d) 中分别画出了 $\xi_i = x_i$,$\xi_i = x_{i+1}$ 及 $x_i < \xi_i < x_{i+1}$ 时的 S.

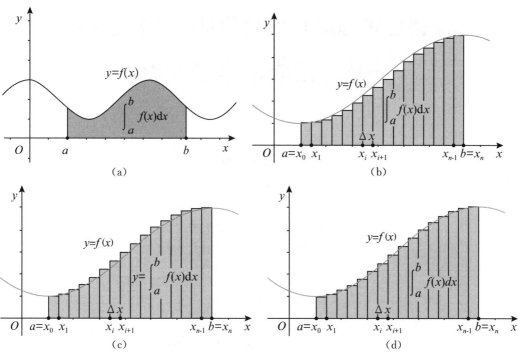

(a)

(b)

(c)

(d)

图 14-3

裂项求和法与微积分基本定理 ——

一桥飞架南北，天堑变通途

水调歌头·游泳

毛泽东

才饮长沙水，又食武昌鱼.

万里长江横渡，极目楚天舒.

不管风吹浪打，胜似闲庭信步，今日得宽馀.

子在川上曰：逝者如斯夫！

风樯动，龟蛇静，起宏图.

一桥飞架南北，天堑变通途.

更立西江石壁，截断巫山云雨，高峡出平湖.

神女应无恙，当惊世界殊.

1957 年武汉长江大桥建成，毛泽东主席称之为：一桥飞架南北，天堑变通途. 形象地描述武汉长江大桥的雄伟气势及其在我国南北交通方面发挥的重要作用.

在数学中，有一个公式可以与武汉长江大桥媲美. 它一头落在定积分上，另一头跨在函数值上，把两个看上去毫无关联的知识联系在一起，使求定积分变得非常简单.

这么神奇的公式是如何想到的呢?本章就探讨这个问题.

15.1　裂项求和法

先看一个小学奥数题:

$$\frac{1}{1\times 2}+\frac{1}{2\times 3}+\cdots+\frac{1}{99\times 100}=\underline{\qquad}.$$

显然,硬算是解决不了这个问题的. 正确的解法是用裂项求和法.
易知

$$\frac{1}{1\times 2}=1-\frac{1}{2},$$

$$\frac{1}{2\times 3}=\frac{1}{2}-\frac{1}{3},$$

$$\cdots$$

$$\frac{1}{99\times 100}=\frac{1}{99}-\frac{1}{100},$$

以上所有式子相加得

$$\frac{1}{1\times 2}+\frac{1}{2\times 3}+\cdots+\frac{1}{99\times 100}$$

$$=\left(1-\frac{1}{2}\right)+\left(\frac{1}{2}-\frac{1}{3}\right)+\cdots+\left(\frac{1}{99}-\frac{1}{100}\right)$$

$$=1-\frac{1}{100}=\frac{99}{100}.$$

　　裂项求和法是个好方法,可以解决很多求和问题. 然而,它的威力还是不够大,在更为广泛的求和问题面前无能为力.

　　但对于更为广泛的求和问题,裂项求和法并非无所作为. 数学研究中有个重要的方法就是先**从解决特殊问题的特殊方法中寻找灵感,然后把特殊方法推广成一般方法,**从而解决更为一般的问题.

　　当然,这条路是艰辛的. 一方面,如何推广本身就很难;另一方面,选择哪个特殊方法来推广也不容易. 然而历史只记录成功者的故事,仿佛走这条路的人都成功了,给人造成这条路很通畅的错觉.

　　那么,该如何"避雷"呢?

　　(1)学习前辈高人的经验;

　　(2)自己多尝试,积累自己的经验.

　　而且,相比数学知识,这些经验更重要.

《淮南子·说林训》中有句话:授人以鱼,不如授人以渔.意为送鱼给别人,不如教会他怎样捕鱼,喻指传授既有知识,不如传授学习、创造知识的方法.

下面我们通过模拟莱布尼茨的思路来学习他的经验.

15.2 牛顿 — 莱布尼茨公式

首先,定积分本质上是数列求和问题.

其次,我们要吃透原有方法,即裂项求和法,因为只有吃透本质,才能推广.

裂项求和法的核心关键点是:如何把每项裂为两项(称之为首项和末项)之差,即

$$项 = 首项 - 末项,$$

使得前一项的末项与后一项的首项相等,从而在求和的时候可以互相抵消.

所以推广裂项求和法的要点在于把定积分

$$S = \sum_{i=1}^{n} \left[f(\xi_i)(x_{i+1} - x_i) \right]$$

中的每一项分裂成能前后抵消的项.

当然,推广不是简单的模仿,否则人人都是大数学家了!

在我们学过的知识库里搜索一下,有没有与 $f(\xi_i)(x_{i+1} - x_i)$ 形式上接近的表达式?不求一模一样,只求形式相像.

如果没有想到,那么请复习微分的定义:

$$\Delta y = A\Delta x + o(\Delta x),$$

即

$$f(x + \Delta x) - f(x) = f'(x)\Delta x + o(\Delta x).$$

改写为需要的形式

$$F(x_{i+1}) - F(x_i) = f(x_i)(x_{i+1} - x_i) + o(\Delta x_i),$$

这里 $F(x)$ 满足条件 $F'(x) = f(x)$.

如果取 $\xi_i = x_i$,那么

$$S = \sum_{i=1}^{n} \left[f(\xi_i)(x_{i+1} - x_i) \right] = \sum_{i=1}^{n} \left[f(x_i)(x_{i+1} - x_i) \right\}$$

$$= \sum_{i=1}^{n} \left\{ \left[F(x_{i+1}) - F(x_i) \right] + o(\Delta x_i) \right\}$$

$$= F(x_n) - F(x_1) + \sum_{i=1}^{n} o(\Delta x_i) = F(b) - F(a) + \sum_{i=1}^{n} o(\Delta x_i).$$

很完美!唯一的遗憾是多了个尾巴:

$$\sum_{i=1}^{n} o(\Delta x_i).$$

在定积分的定义中,$\Delta x_i \to 0$ 是无穷小,$o(\Delta x_i)$ 是 Δx_i 的高阶无穷小,那么当 $\Delta x_i \to 0(i=1,2,\cdots,n)$ 时,$\sum_{i=1}^{n} o(\Delta x_i)$ 会不会是无穷小呢?

找个简单的例子来分析:Δx_i 趋向于 0,类似 $\frac{1}{n}$,$o(\Delta x_i)$ 是 Δx_i 的高阶无穷小,类似 $\frac{1}{n^2}$,在这种特殊情况下,有

$$\sum_{i=1}^{n} o(\Delta x_i) = n \cdot \frac{1}{n^2} = \frac{1}{n}.$$

还是无穷小,有戏!

因为

$$\sum_{i=1}^{n} o(\Delta x_i) = o(\Delta x_1) + o(\Delta x_2) + \cdots + o(\Delta x_n)$$

$$= \Delta x_1 \cdot \frac{o(\Delta x_1)}{\Delta x_1} + \Delta x_2 \cdot \frac{o(\Delta x_2)}{\Delta x_2} + \cdots + \Delta x_n \cdot \frac{o(\Delta x_n)}{\Delta x_n}$$

$$\leqslant (\Delta x_1 + \Delta x_2 + \cdots + \Delta x_n) \left| \max_i \left\{ \frac{o(\Delta x_i)}{\Delta x_i} \right\} \right|$$

$$= (b-a) \left| \max_i \left\{ \frac{o(\Delta x_i)}{\Delta x_i} \right\} \right|.$$

对于每个 i,$o(\Delta x_i)$ 都是 Δx_i 的高阶无穷小,即

$$\lim_{\Delta x_i \to 0} \frac{o(\Delta x_i)}{\Delta x_i} = 0, i=1,2,\cdots,n,$$

所以,当 $\Delta x_i \to 0$ 时,

$$\left| \max_i \left\{ \frac{o(\Delta x_i)}{\Delta x_i} \right\} \right| \to 0.$$

从而,当 $\lambda = \max\{\Delta x_1, \Delta x_2, \cdots, \Delta x_n\} \to 0$ 时,

$$\sum_{i=1}^{n} f(x_i)(x_{i+1} - x_i) \to F(b) - F(a).$$

大功告成!

不过,在定积分定义中,

$$S = \sum_{i=1}^{n} [f(\xi_i)(x_{i+1} - x_i)],$$

这里 ξ_i 是任取的.

那么当 $\Delta x_i \to 0$ 时,S 是否趋向于 $F(b) - F(a)$ 呢?这个问题留给大家去探讨.

求定积分除了可以用微分的定义推导．还可以使用拉格朗日中值定理：

如果函数 $f(x)$ 满足：

(1) 在闭区间 $[a,b]$ 内连续；

(2) 在开区间 (a,b) 内可导；

那么在区间 (a,b) 内存在一点 $\xi(a<\xi<b)$，使等式

$$f(b)-f(a)=f'(\xi)(b-a)$$

成立．

根据拉格朗日中值定理，如果有函数 $F(x)$，使得 $F'(x)=f(x)$，那么在区间 $[x_i,x_{i+1}]$ 内，有

$$F(x_{i+1})-F(x_i)=f(\xi_i)(x_{i+1}-x_i).$$

所以，如果 ξ_i 不是任意取的，而是按拉格朗日中值定理取的，那么

$$S=\sum_{i=1}^{n}[f(\xi_i)(x_{i+1}-x_i)]=\sum_{i=1}^{n}[F(x_{i+1})-F(x_i)]=F(x_n)-F(x_1)$$
$$=F(b)-F(a).$$

但是，这里还有一点问题，因为 ξ_i 不是任意取的，而是按拉格朗日中值定理的要求来取的，所以取值有特殊性．

该如何解决这个问题呢？同样，这个问题留给大家去探讨．

在上述分析过程中，对于给定的 $f(x)$，满足 $F'(x)=f(x)$ 的函数 $F(x)$ 对裂项很重要，我们称 $F(x)$ 为 $f(x)$ 的原函数．

定义 15.1 设函数 $F(x)$ 和 $f(x)$ 在区间 I 上有定义，若对任一 $x\in I$，都有

$$F'(x)=f(x) \text{ 或 } dF(x)=f(x)dx,$$

则称函数 $F(x)$ 为 $f(x)$ 在区间 I 上的一个原函数．

如因为 $(\sin x)'=\cos x$，所以 $\sin x$ 是 $\cos x$ 在 $(-\infty,\infty)$ 上的一个原函数．

根据以上论述，我们有如下定理．

定理 15.1 如果函数 $F(x)$ 是连续函数 $f(x)$ 在区间 $[a,b]$ 上的一个原函数，则

$$\int_a^b f(x)dx=F(b)-F(a).$$

左擎区间定积分，右牵端点函数值，此公式打通了求定积分的"任督二脉"，史称牛顿 — 莱布尼茨公式，以表彰两位微积分奠基人的功勋．中国学生一般亲切地称之为"牛奶公式"．

这个定理,称为**微积分基本定理**,以彰显它在微积分学中的地位.

前文介绍了莱布尼茨推导微积分基本定理的方法.

莱布尼茨的第一个突破是:把

$$项 = 首项 - 末项$$

推广成

$$项 \approx 首项 - 末项.$$

第二个突破是:由于

$$项 \approx 首项 - 末项,$$

所以要得到精确解,必须是分割得足够细以后误差趋于 0.

从中能学到什么呢?

(1) 有个奏效的方法,但是它只适用于特殊情况.

(2) 能否把这个方法推广到更一般的情形?

(3) 分析这个方法的本质特征,并试图推广.

虽然能否成功取决于很多因素,但这是一个很重要的方法,持之以恒地应用,必有所得.

再次强调,微积分的优势在于对一类问题提出了统一的解决方案,而不仅仅是提供了个例的解决办法. 微积分基本定理也是这样,它解决了求连续函数定积分的问题!

数学家故事:牛顿与莱布尼茨优先权之争

牛顿与莱布尼茨可谓一时瑜亮.

十七世纪时,微分学和积分学都有所突破,慢慢地有人觉察到二者之间的联系,牛顿的老师巴罗就是其中之一. 最后,牛顿和莱布尼茨各自获得了揭示微分和积分互逆性的公式 —— 牛顿 — 莱布尼茨公式. 所以,世间公认他们两人创立了微积分.

然而,虽然从 1665 年到 1687 年之间牛顿就把微积分的相关结果通知朋友,但直到 1687 年牛顿才正式发表微积分方面的工作. 莱布尼茨于 1672 年、1673 年分别访问巴黎、伦敦,并与一些知道牛顿工作的人通信. 然而,他直到 1684 年才发表微积分的著作. 于是就发生了莱布尼茨是否知道牛顿工作详情的问题,他被指为剽窃者. 这引起了欧洲大陆数学家的不满,也引发了英国与欧洲大陆的数学家之间的争吵. 不过,在这两个人去世很久以后,调查证明虽然牛顿工作的大部分是在莱布尼茨之前做的,但是莱布尼茨也是微积分主要思想的独立发明者.

这场争吵的重要性不在于谁胜谁负,而是使数学家分成两派:欧洲大陆的数学家支持莱布尼茨,而英国数学家支持牛顿.

两派不和甚至到了尖锐地互相敌对的地步.

这件事的严重后果是,欧洲大陆与英国的数学家们停止了交流.牛顿主要用几何方法研究微积分,所以在牛顿去世后差不多100年中,英国人继续以几何为主要工具.而欧洲大陆的数学家继续使用莱布尼茨的分析法,使它发展并得到改善.

这件事的影响非常巨大,它不仅使英国的数学落后于欧洲大陆,而且使数学损失了一些最有才能的人应可作出的贡献.

16

不定积分 —— 跟着感觉走，紧抓住公式的"手"

从牛顿 — 莱布尼茨公式可以看出，对于函数 $f(x)$，知道 $F(x)$ 使得

$$F'(x) = f(x)$$

很重要.

由于 $F'(x) = f(x)$，所以积分是微分的逆运算.

减法是加法的逆运算，如果小学低年级学生数学不及格，大概率是因为学不会减法. 减法"整出了"负数，硬生生地把自然数集拓展为整数集.

除法是乘法的逆运算，如果小学高年级学生数学不及格，大概率是因为学不会除法. 除法"整出了"分数，硬生生地把整数集拓展为有理数集.

开方是乘方的逆运算，如果初中生数学不及格，大概率是因为学不会开方. 开方"整出了"无理数和复数，硬生生地把有理数集拓展为实数集、复数集.

对数是指数的逆运算，如果高中生数学不及格，大概率是因为学不会对数. 对数"整出了"超越数.

积分是微分的逆运算，如果大学数学不及格，大概率是因为学不会积分. 积分"整出了"……

纵观小学到大学的学习过程，凡逆必难！所以笔者可以负责任地告诉大家，不管你们觉得微分难不难，积分要难于微分.

微积分基本定理帮我们解决了大麻烦，但是求原函数的小麻烦仍层出不穷.

16.1 不定积分的定义

> **定义 16.1** 在区间 I 上,函数 $f(x)$ 的带有任意常数项的原函数称为 $f(x)$ 在 I 上的**不定积分**,记作
>
> $$\int f(x)\mathrm{d}x,$$
>
> 其中 $\int$ 称为**积分号**,$f(x)$ 称为**被积函数**,$f(x)\mathrm{d}x$ 称为**被积表达式**,x 称为**积分变量**.

由定义 16.1 可知,如果 $F(x)$ 是 $f(x)$ 在区间 I 上的一个原函数,那么 $F(x)+C$ 就是 $f(x)$ 的不定积分,即

$$\int f(x)\mathrm{d}x = F(x)+C,$$

因而不定积分 $\int f(x)\mathrm{d}x$ 可以表示 $f(x)$ 的任意一个原函数.

16.2 基本积分表

既然求导数和求不定积分互为逆运算,那么很自然地可以从基本导数公式得到相应的基本积分公式.

如因为 $\left(\dfrac{a^x}{\ln a}\right)' = a^x$,所以 $\dfrac{a^x}{\ln a}$ 是 a^x 的一个原函数,于是

$$\int a^x \mathrm{d}x = \frac{a^x}{\ln a}+C(常数\ a > 0, a \neq 1).$$

类似地可以得到其他积分公式.

基本的积分公式列成的表通常叫做**基本积分表**.

$$\int k\mathrm{d}x = kx + C(k\ 是常数),$$

$$\int x^\mu \mathrm{d}x = \frac{x^{\mu+1}}{\mu+1}+C(\mu \neq -1),$$

$$\int \frac{\mathrm{d}x}{x} = \ln|x| + C,$$

$$\int e^x \, dx = \frac{e^x}{\ln a} + C,$$

$$\int a^x \, dx = \frac{a^x}{\ln a} + C(常数\ a > 0, a \neq 1),$$

$$\int \frac{dx}{1 + x^2} = \arctan x + C,$$

$$\int \frac{dx}{\sqrt{1 - x^2}} = \arcsin x + C,$$

$$\int \cos x \, dx = \sin x + C,$$

$$\int \sin x \, dx = -\cos x + C,$$

$$\int \frac{dx}{\cos^2 x} = \int \sec^2 x \, dx = \tan x + C,$$

$$\int \frac{dx}{\sin^2 x} = \int \csc^2 x \, dx = -\cot x + C,$$

$$\int \sec x \cdot \tan x \, dx = \sec x + C,$$

$$\int \csc x \cdot \cot x \, dx = -\csc x + C.$$

这些公式都很重要，请大家务必背下来.

下面举几个应用基本积分公式求不定积分的例子.

例 16.1 求下列不定积分.

$(1) \int (2x^4 - \sqrt{10}\, x^2 + 3) \, dx, (2) \int \frac{1 + x + x^2}{\sqrt{x}} \, dx, (3) \int \frac{\sin x}{\cos^2 x} \, dx.$

解 $(1) \int (2x^4 - \sqrt{10}\, x^2 + 3) \, dx = 2 \int x^4 \, dx - \sqrt{10} \int x^2 \, dx + \int 3 \, dx$

$$= \frac{2}{5} x^5 - \frac{\sqrt{10}}{3} x^3 + 3x + C.$$

$(2) \int \frac{1 + x + x^2}{\sqrt{x}} \, dx = \int \frac{1}{\sqrt{x}} \, dx + \int \sqrt{x} \, dx + \int x^{\frac{3}{2}} \, dx$

$$= 2\sqrt{x} + \frac{2}{3} x^{\frac{3}{2}} + \frac{2}{5} x^{\frac{5}{2}} + C.$$

$(3) \int \frac{\sin x}{\cos^2 x} \, dx = \int \frac{1}{\cos x} \cdot \frac{\sin x}{\cos x} \, dx$

$$= \int \sec x \cdot \tan x \, dx$$

$$= \sec x + C.$$

好像很简单的样子.

(1)(2) 两个小题的解答有没有问题?

再仔细想想!

如果你能认识到:证明不定积分的运算法则之后才能用上面的方法解答 (1)(2) 两个小题,那么恭喜你,你非常具有成为数学家的潜质!

法律界有句名言:法无禁止则可为,法无授权不可为.

数学界有类似的名言:**法则没有证明不可用!**

所以要有相应的运算法则以后才能做(1)(2) 两个小题.

16.3 扩大战果 —— 不定积分的运算法则

相应于导数的线性运算性质,由不定积分的定义,可推得不定积分的线性运算性质:

(1) 设函数 $f(x)$ 及 $g(x)$ 的原函数存在,则

$$\int [f(x)+g(x)]\mathrm{d}x = \int f(x)\mathrm{d}x + \int g(x)\mathrm{d}x.$$

(2) 设函数 $f(x)$ 的原函数存在,k 为非零常数,则

$$\int kf(x)\mathrm{d}x = k\int f(x)\mathrm{d}x.$$

16.4 分部积分

在微分学中,有

$$[f(x)g(x)]' = f'(x)g(x)+f(x)g'(x).$$

这个式子两边做不定积分,得

$$\int [f(x)g(x)]'\mathrm{d}x = \int [f'(x)g(x)+f(x)g'(x)]\mathrm{d}x$$

$$= \int [g(x)\mathrm{d}f(x)+f(x)\mathrm{d}g(x)]$$

$$= \int g(x)\mathrm{d}f(x)+\int f(x)\mathrm{d}g(x),$$

所以

$$\int g(x)\,\mathrm{d}f(x) = f(x)g(x) - \int f(x)\,\mathrm{d}g(x).$$

这个公式叫**分部积分公式**,用这个公式求积分的方法叫**分部积分法**.

为什么要这样做?因为在

$$\int g(x)\,\mathrm{d}f(x),\ \int f(x)\,\mathrm{d}g(x)$$

这两个式子中,如果一个比较难求,而另一个比较容易求,那么变形后就达到了化难为易的目的.

但是怎样选取 $f(x)$ 和 $g(x)$ 呢?

可以跟着感觉走,但要紧抓住公式的"手",目标是被积函数越来越少、越来越简单.

做题过程中要尽量尝试不同的想法,慢慢就会发现规律,从而在不经意间得出答案.

下面是几个用分部积分法求不定积分的例子.

例 **16.2** 求 $\int x\mathrm{e}^x\,\mathrm{d}x$.

分析 这个积分看上去不太好求.我们试试分部积分法.

分部积分法的要点是把积分写成

$$\int g(x)\,\mathrm{d}f(x)$$

的形式,或者说,要把某一个函数写成 $\mathrm{d}f(x)$.

这个题目中,

$$x\mathrm{d}x = \frac{1}{2}\mathrm{d}x^2,$$

$$\mathrm{e}^x\,\mathrm{d}x = \mathrm{d}\mathrm{e}^x,$$

从方便计算的角度思考,显然大家都会选用

$$\mathrm{e}^x\,\mathrm{d}x = \mathrm{d}\mathrm{e}^x.$$

所以解题过程为

$$\int x\mathrm{e}^x\,\mathrm{d}x = \int x\,\mathrm{d}\mathrm{e}^x = x\mathrm{e}^x - \int \mathrm{e}^x\,\mathrm{d}x = x\mathrm{e}^x - \mathrm{e}^x + C.$$

感悟 碰到不会的题目,需要自己多尝试.不要被动地等老师讲,或者动不动就问老师或同学.

例 **16.3** 求 $\int -x\sin(2x)\mathrm{d}x$.

解

$$\int -x\sin(2x)\mathrm{d}x = \frac{1}{2}\int x\mathrm{d}\cos(2x)$$

$$= \frac{1}{2}x\cos(2x) - \frac{1}{4}\int \cos(2x)\mathrm{d}(2x)$$

$$= \frac{1}{2}x\cos(2x) - \frac{1}{4}\sin(2x) + C.$$

例 **16.4** 求 $\int x\ln x\mathrm{d}x$.

解

$$\int x\ln x\mathrm{d}x = \int \ln x\mathrm{d}\frac{x^2}{2}$$

$$= \frac{x^2}{2}\ln x - \int \frac{x^2}{2}\mathrm{d}(\ln x)$$

$$= \frac{x^2}{2}\ln x - \frac{1}{2}\int x\mathrm{d}x$$

$$= \frac{x^2}{2}\ln x - \frac{x^2}{4} + C.$$

微分学中的两个函数相乘的求导公式,在不定积分中就已经"玩出花"来了,以后还会学习更多更难的求不定积分的方法.作为一本入门书籍,本书就只介绍到这里了.

最后,祝大家在学习高等数学的过程中"烦恼高阶无穷小、好运连续且可导,生活不单调,道路不凹凸,理想一定洛必达,快乐极限趋向无穷大!"